"创新设计思维"
数字媒体与艺术设计类
新形态丛书

Pr

Premiere+After Effects

视频后期制作基础教程

互联网＋数字艺术教育研究院 策划

王健丰 袁洋 汪潇 主编　牛一菽 王超界 陈丽芳 孙苗苗 副主编

移|动|学|习|版

U0216556

人民邮电出版社

北京

图书在版编目（CIP）数据

Premiere+After Effects视频后期制作基础教程：移动学习版 / 王健丰，袁洋，汪潇主编. -- 北京：人民邮电出版社，2023.11

（"创新设计思维"数字媒体与艺术设计类新形态丛书）

ISBN 978-7-115-61865-8

Ⅰ.①P… Ⅱ.①王… ②袁… ③汪… Ⅲ.①视频编辑软件－教材②图像处理软件－教材 Ⅳ.①TN94②TP391.413

中国国家版本馆CIP数据核字（2023）第096149号

内 容 提 要

Premiere 和 After Effects 是用户需求量大且深受个人用户和企业用户青睐的视频编辑软件、特效合成软件，在视频后期领域被广泛应用。虽然 Premiere 和 After Effects 各有侧重，但两者可以实现高度结合，在实际应用中经常配合使用。本书以 Adobe Premiere Pro 2022 和 Adobe After Effects 2022 为蓝本，讲解 Premiere 和 After Effects 在视频后期中的基础应用。全书共 10 章，内容包括视频后期制作基础、Premiere 的基本操作、剪辑视频、应用视频效果、制作字幕与音频、After Effects 的基本操作、制作视频特效、三维合成、渲染与输出文件及综合案例——制作"魅力乡村"宣传短片。本书设计了"疑难解答""技能提升""提示"等小栏目，并且附有操作视频及效果展示等。

本书不仅可作为高等院校数字媒体艺术、数字媒体技术、视觉传达设计、环境艺术设计等专业课程的教材，还可供 Premiere 和 After Effects 初学者自学使用，或作为相关行业的工作人员的参考用书。

◆ 主　　编　王健丰　袁　洋　汪　潇

　　副 主 编　牛一菽　王超界　陈丽芳　孙苗苗

　　责任编辑　李媛媛

　　责任印制　王　郁　陈　犇

◆ 人民邮电出版社出版发行　　北京市丰台区成寿寺路 11 号

　　邮编　100164　电子邮件　315@ptpress.com.cn

　　网址　https://www.ptpress.com.cn

　　北京世纪恒宇印刷有限公司印刷

◆ 开本：787×1092　1/16

　　印张：14　　　　　　　　　　　2023 年 11 月第 1 版

　　字数：373 千字　　　　　　　2024 年 12 月北京第 3 次印刷

定价：59.80 元

读者服务热线：(010)81055256　印装质量热线：(010)81055316
反盗版热线：(010)81055315
广告经营许可证：京东市监广登字 20170147 号

前言 PREFACE

随着视频行业的快速发展，市场上对视频后期制作相关人才的需求量越来越大，因此，很多院校都开设了与视频后期制作相关的课程，但目前市场上很多教材的教学结构已不能满足当前的教学需求。鉴于此，我们认真总结了教材编写经验，用2~3年的时间深入调研各类院校对教材的需求，组织了一批具有丰富教学经验和实践经验的优秀作者编写了本书，以帮助各类院校快速培养优秀的视频后期技能型人才。

本书特色

本书以课堂案例带动知识点的方式，全面讲解了Premiere和After Effects影视后期合成的相关操作。本书的特色可以归纳为以下5点。

- 精选基础知识，轻松迈入视频后期制作门槛。本书先介绍视频的基础知识、视频后期制作软件和视频后期制作流程等相关知识，再对Premiere和After Effects的工作界面、面板等基础知识和操作进行详细介绍，让读者对Premiere和After Effects有一个基本的了解。
- 软件操作介绍+课堂案例，快速掌握软件操作。基础知识讲解完成后，根据视频后期制作流程对Premiere和After Effects的相关操作进行介绍。在介绍相关软件时，先提炼讲解软件的基础操作，然后讲解软件在视频后期制作中的具体运用，并且以课堂案例形式引入知识点。课堂案例充分考虑了案例的商业性和知识点的实用性，注重培养读者的学习兴趣，提升读者对知识点的理解与应用能力。
- 课堂实训+课后练习，巩固并强化软件操作技能。主要知识讲解完成后，通过课堂实训和课后练习进一步巩固并提升读者影视后期合成的能力。其中，课堂实训提供了完整的实训背景、实训思路，以帮助读者梳理和分析实训操作，再通过步骤提示给出关键步骤，让读者进行同步训练；课后练习则进一步锻炼读者的独立完成能力。
- 设计思维+技能提升+素养培养，培养高素质专业型人才。在设计思维方面，本书不管是课堂案例、课堂实训都融入了设计要求和思路，还通过"设计素养"小栏目体现设计标准、设计理念和设计思维。另外，本书还通过"技能提升"小栏目帮助读者拓展设计思维，提升设计能力。本书案例精心设计，涉及传统文化、创新思维、艺术创作、文化自信、工匠精神等，引发读者思考和共鸣，多方面培养读者的能力与素养。
- 真实商业设计案例，提升综合应用能力与专业技能。本书最后一章通过制作一个完整的综合案例，提升读者综合运用Premiere和After Effects知识的能力。

教学建议

本书的参考学时为44学时，其中讲授环节为27学时，实训环节为17学时。各章的参考学时见下表。

章序	课程内容	学时分配	
		讲授	实训
第 1 章	视频后期制作基础	2	1
第 2 章	Premiere 的基本操作	2	2
第 3 章	剪辑视频	3	2
第 4 章	应用视频效果	3	2
第 5 章	制作字幕与音频	3	2
第 6 章	After Effects 的基本操作	2	2
第 7 章	制作视频特效	4	2
第 8 章	三维合成	4	2
第 9 章	渲染与输出文件	2	2
第 10 章	综合案例——制作 "魅力乡村" 宣传短片	2	0
	学时总计	27	17

 ## 配套资源

本书提供立体化教学资源，教师可登录人邮教育社区（www.ryjiaoyu.com），在本书页面中进行下载。

本书的配套资源主要包括以下6类。

视频资源　素材与效果文件　拓展案例　模拟试题库　PPT 和教案　拓展资源

视频资源　在讲解与Premiere和After Effects相关的操作以及展示案例效果时均配套了相应的视频，读者可扫描相应的二维码进行在线学习，也可以扫描右图二维码关注"人邮云课"公众号，输入校验码"61865"，将本书视频"加入"手机上的移动学习平台，利用碎片时间轻松学。

"人邮云课"
公众号

素材与效果文件　提供书中案例涉及的素材与效果文件。

拓展案例　提供拓展案例（本书最后一页）涉及的素材与效果文件，便于读者进行练习和自我提升。

模拟试题库　提供丰富的与Premiere和After Effects相关的试题，读者可自由组合生成不同的试卷进行测试。

PPT和教案　提供PPT和教案，辅助教师开展教学工作。

拓展资源　提供视频、音频、Premiere和After Effects模板等素材，以及Premiere和After Effects视频后期制作技巧等资源文档。

编者

2023年2月

目录 CONTENTS

第 **4** 章 应用视频效果

第 **5** 章 制作字幕与音频

第9章 渲染与输出文件

第10章 综合案例——制作 "魅力乡村"宣传短片

第 **1** 章

视频后期制作基础

　　视频后期制作是指将拍摄的图片、视频等素材与图形、动画、声音和字幕等元素相结合，经过视频剪辑、特效制作、渲染输出等一系列操作流程，使其形成完整的影片。在正式制作前，需要先了解视频的基础知识和专业的视频后期制作软件，以及视频后期制作流程，这样才能为后续章节的学习打下坚实的基础。

学习目标

◎ 熟悉视频的基础知识和视频后期制作流程
◎ 掌握视频后期制作软件的使用方法

素养目标

◎ 激发对Premiere、After Effects的学习兴趣
◎ 养成良好的软件使用习惯

案例展示

"秘密"剧情短片

视频的基础知识

在进行视频后期制作过程中，经常会遇到电视制式、帧和帧速率、分辨率、像素长宽比等专有名词，这些都是需要了解的基础知识。

1.1.1 常见的电视制式

电视制式是指电视信号的标准，可以简单地理解为用来显示电视图像或声音信号所采用的一种技术标准。世界上主要使用的电视广播制式有国家电视制式委员会（National Television System Committee，NTSC）、相位逐行交变（Phase Alteration Line，PAL）和按顺序传送彩色与存储（Sequential Couleur Avec Memoire，SECAM）3种。

1. NTSC制式

NTSC是美国于1953年开发的一种兼容的彩色电视制式。NTSC制式的特点是用两个色差信号（R-Y）和（B-Y）分别对频率相同而相位相差90°的两个副载波进行正交平衡调幅，再将已调制的色差信号叠加，穿插到亮度信号的高频端。

2. PAL制式

PAL是联邦德国于1962年制定的一种电视制式。PAL制式的特点是同时传送两个色差信号（R-Y）与（B-Y）。不过（R-Y）是逐行倒相的，它和（B-Y）对副载波进行正交调制。该制式采用逐行倒相的方法，若在传送过程中发生相位变化，则会因相邻两行相位相反起到相互补偿的作用，从而避免相位失真引起的色调改变。

3. SECAM制式

SECAM是法国于1965年提出的一种电视制式。SECAM制式的特点是两个色差信号是逐行依次传送的，因而在同一时刻，传输通道内只存在一个信号，不会出现串色现象，两个色差信号不对副载波进行调幅，而是对两个频率不同的副载波进行调频，再把两个已调副载波逐行轮换插入亮度信号高频端，从而形成彩色图像视频信号。

这3种电视制式除了具有不同的特点，其水平线和帧速率之间也存在着一定差异，如表1-1所示。

表1-1 3种电视制式的差异

电视制式	水平线	帧速率
NTSC 制式	525 行	29.97 帧 / 秒
PAL 制式	625 行	25 帧 / 秒
SECAM 制式	625 行	25 帧 / 秒

1.1.2 帧和帧速率

帧和帧速率都是视频编辑中常见的专业术语，对视频画面的流畅度、清晰度、文件大小等都有着重要的影响。

● 帧：帧相当于电影胶片上的每一格镜头，一帧就是一幅静止的画面，连续的多帧就能形成动态效果。

● 帧速率：帧速率是指画面每秒传输的帧数（单位：帧/秒），即通常所说的视频的画面数。一般来说，帧速率越大，视频画面就越流畅，视频播放速度也就越快，但同时视频文件体积也会越大，从而影响后期编辑、渲染，以及视频的输出等环节。

🔔 提示

使用视频后期制作软件时，软件会使用算法（差值法、光流法等）自动统一帧速率，以保证视频的流畅度。因此，使用 Premiere 和 After Effects 进行视频后期制作时，应尽量让序列和合成文件的帧速率与视频的帧速率相匹配。

1.1.3 分辨率

分辨率是屏幕图像的精密度，是指单位长度内包含的像素点的数量。单位面积内的像素点越多，分辨率越高，所显示的影像就越清晰。分辨率的计算方法是：横向的像素点数量×纵向的像素点数量。例如1024像素×720像素表示共有720条水平线，且每一条水平线上都包含了1024个像素点。

不同视频所显示的分辨率不同，如普通的标清视频的分辨率为720像素×576像素、全高清视频的分辨率为1920像素×1080像素。当构成视频的像素数量巨大时，可用K来表示，如2K视频的分辨率为2048像素×1080像素、4K视频的分辨率为4096像素×2160像素。

1.1.4 像素长宽比

像素长宽比是指图像中的一个像素的长度与宽度之比，如方形像素的像素长宽比就为1.0。像素在计算机和电视中的显示并不相同，通常在计算机中为正方形像素，如图1-1所示；在电视中为长方形像素，如图1-2所示。因此，在选择像素长宽比时需要先确定视频文件的输入终端，若在计算机屏幕上输入，一般选择"方形像素"；若在电视屏幕上输入，则选择相应的像素长宽比，以避免视频画面变形。

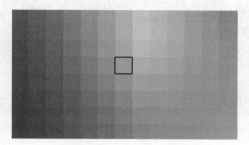

图 1-1　正方形像素

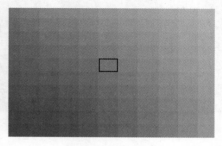

图 1-2　长方形像素

1.2

视频后期制作软件

随着视频后期制作产业的发展及计算机软件行业的逐渐成熟，各种视频后期制作软件不断涌现，并有着各自的特点和优势，如Adobe Premiere、Adobe After Effect等都是非常专业的视频后期制作软件。

1.2.1 Adobe Premiere

Adobe Premiere是Adobe公司出品的视音频非线性编辑软件（后文简称Premiere），可以支持当前所有标清和高清格式视频的实时编辑。它提供了采集、剪辑、调色、音频美化、字幕添加、输出、DVD刻录等功能，并和其他Adobe系列软件紧密集成、相互协作，满足用户创作高质量作品的要求。在学习Premiere之前，我们应先对其工作界面和面板有基本的认识。

1. 认识Premiere的工作界面

启动Premiere后，会自动打开主页界面，在其中单击 新建项目... 按钮，打开"新建项目"对话框，设置项目名称和位置，单击 确定 按钮，可进入Premiere的工作界面，如图1-3所示。它主要由标题栏、菜单栏和各种面板组成。

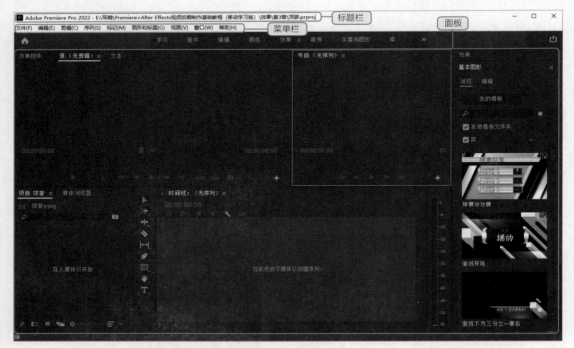

图 1-3　Premiere 的工作界面

（1）标题栏

标题栏中包括Premiere的软件图标 Pr 、Premiere的版本信息和项目文件的保存路径，以及窗口控制按钮组— □ ×。单击 **Pr** 图标，可在弹出的下拉列表中选择相应的命令对窗口进行移动、最小化、最大化和关闭等操作。

（2）菜单栏

菜单栏中主要包括9个菜单命令，选择需要的菜单命令，可在弹出的子菜单中选择需要执行的命令。

- "文件"菜单命令：主要用于新建文件，打开、关闭、保存、导入和导出项目等操作。
- "编辑"菜单命令：主要用于进行一些基本的文件操作。
- "剪辑"菜单命令：主要用于剪辑视频等操作。
- "序列"菜单命令：主要用于设置序列等操作。
- "标记"菜单命令：主要用于标记入点、标记出点、标记剪辑等操作。
- "图形和标题"菜单命令：主要用于从Adobe Fonts添加字体、安装动态图形模板、新建图层等操作。
- "视图"菜单命令：主要用于显示标尺和参考线，锁定、添加和清除参考线等操作。
- "窗口"菜单命令：主要用于显示和隐藏Premiere工作区的各个面板。单击该菜单命令后，各面板选项左侧会出现 ✓ 标记，代表该面板已经显示在工作区中，再次单击该菜单命令，✓ 标记将会消失，说明该面板已被隐藏。
- "帮助"菜单命令：主要用于快速访问Premiere帮助手册和相关教程，了解Premiere的相关法律声明和系统信息。

（3）面板

面板是在Premiere中进行操作时必不可少的工具和场所。通过面板，用户可了解Premiere的用途，更便捷地使用Premiere，从而发挥Premiere的最大功能。Premiere中的面板数量非常多，如"项目"面板、"时间轴"面板、"效果控件"面板、"节目"面板、"信息"面板、"标记"面板、"音频剪辑混合器"面板、"Lumetri颜色"面板等。这里主要介绍Premiere中比较常用的一些面板。

- "项目"面板：用于存放和管理导入的素材（包括视频、音频、图像等），以及在Premiere中创建的序列文件等，如图1-4所示。
- "时间轴"面板：用于对视频、音频及序列文件进行剪辑、插入、复制、粘贴和修整等操作。各文件在"时间轴"面板中按照时间的先后顺序从左到右排列在各自的轨道上（音频文件位于音频轨道上，其他文件位于视频轨道上）。单击激活"时间轴"面板中的时间码，输入具体时间后按【Enter】键，或拖曳时间指示器，可指定当前帧的位置，如图1-5所示。

图1-4 "项目"面板

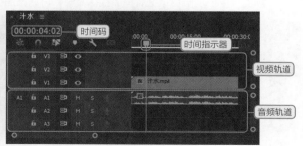

图1-5 "时间轴"面板

- "效果"面板：用于存放Premiere自带的各种视频特效、音频特效和预设特效等，主要有"预设""Lumetri预设""音频效果""音频过渡""视频效果""视频过渡"效果文件夹，单击类别左侧的三角形图标 可展开指定的效果文件夹。

- "效果控件"面板：用于调整各项效果参数，单击左侧的三角形图标 可展开参数对应栏。
- "工具"面板：用于编辑"时间轴"面板中的素材。在"工具"面板中单击需要的工具，即可将其激活。有的工具右下角有一个小三角图标，表示该工具位于工具组中，在该工具组上按住鼠标左键，可显示该工作组中隐藏的工具。
- "源"面板：用于预览还未添加到"时间轴"面板中的源素材，以及对源素材进行一些简单的编辑操作。在"项目"面板中双击素材，即可在"源"面板中显示该素材效果。
- "节目"面板：用于预览"时间轴"面板中当前时间指示器所处位置帧的视频效果，也是最终视频效果的预览面板。
- "信息"面板：用于显示当前选择的素材和序列中的各项信息，如素材的名称、类型、帧速率、入点、出点、持续时间，以及序列中当前帧的位置、包含的视频轨道和音频轨道等。

除此之外，在Premiere标题栏下方还可以选择不同模式的工作区，包括学习（默认的工作区）、组件、编辑、颜色、效果、音频、字幕和图形、库8种。选择【窗口】/【工作区】命令，在展开的子菜单中可以看到更多模式下的工作区。

2. 调整Premiere的工作面板

Premiere中每个面板的大小和位置并不是固定不变的，用户如果对面板的分布不满意，可通过调整使其更符合自身的设计需求。

- 调整面板大小：将鼠标指针移至面板与面板之间的分隔线上，当鼠标指针变为双向箭头标记 时，按住鼠标左键进行拖曳，可调整面板大小。图1-6所示为调整面板大小前后的对比效果。

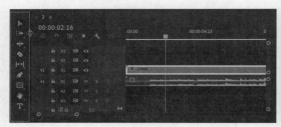

图 1-6　调整面板大小前后的对比效果

- 调整面板位置：单击面板，按住鼠标左键，将其拖曳到目标面板的顶部、底部、左侧或右侧，在目标面板中出现暗色预览后释放鼠标左键，可调整面板位置。

疑难解答

对面板进行调整后，可以恢复到之前默认的状态吗？

可以。其方法为：选择【窗口】/【工作区】/【将"默认"重置为已保存的布局】命令，或单击面板右上方的 按钮，在弹出的下拉菜单中选择"重置为已保存的布局"命令，可恢复到之前工作区的默认设置。

1.2.2　Adobe After Effects

Adobe After Effects是Adobe公司推出的一款图形视频处理软件（后文简称AE），属于后期处理与合成软件，功能非常强大，可帮助用户轻松实现视频、图像、图形、音频素材的编辑合成及特效处理，适用于从事设计和视频特技的机构，如电影公司、电视台、动画制作公司、个人后期制作工作室及多媒体工作室等。

启动AE后，会自动出现欢迎界面，在其中单击 新建项目... 按钮，可进入AE的默认工作界面。该界面主要由标题栏、菜单栏、工具箱和多个功能面板组成（包括"工具"面板、"项目"面板、"合成"面板、"时间轴"面板等），如图1-7所示。

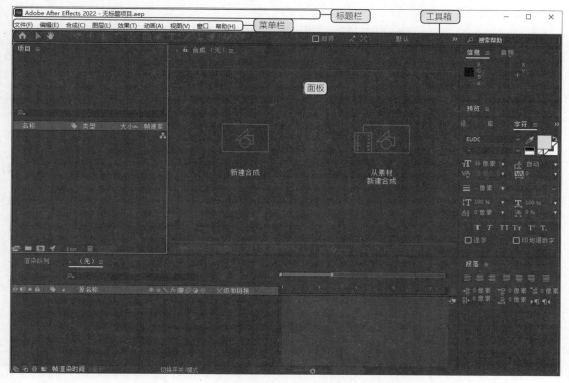

图 1-7　AE 的工作界面

（1）标题栏

标题栏位于AE工作界面的最上方，左侧主要显示AE的版本情况和当前编辑的文件名称（若名称右上角有"*"号，表示该文件最新一次的修改尚未保存），右侧的控制按钮组用于最小化、最大化、还原和关闭工作界面等操作。

（2）菜单栏

菜单栏位于标题栏下方，其中集成了AE的所有菜单命令。在AE中制作视频后期特效时，选择对应的菜单，并执行该菜单中相应的命令，可实现特定的操作。

各菜单命令的主要作用介绍如下。

● "文件"菜单命令：主要用于对AE文件进行新建、打开、保存、关闭、导入和导出等管理操作。

● "编辑"菜单命令：主要用于对当前操作进行撤消或还原，对当前所选对象（如关键帧、图层）进行剪切、复制、粘贴等操作。

● "合成"菜单命令：主要用于进行新建合成、设置合成等与合成相关的操作。

- "图层"菜单命令:主要用于新建各种类型的图层,并对图层进行设置蒙版、遮罩、形状路径等与图层相关的操作。
- "效果"菜单命令:主要用于对"时间轴"面板中所选图层应用各种AE预设的效果。
- "动画"菜单命令:主要用于管理"时间轴"面板中的关键帧,如设置关键帧插值、调整关键帧速度、添加表达式等。
- "视图"菜单命令:主要用于控制"合成"面板中显示的内容,如标尺、参考线等,以及调整"合成"面板的大小和显示方式。
- "窗口"菜单命令:主要用于开启和关闭各种面板。单击该菜单命令后,各面板选项左侧若出现✔标记,代表该面板已经显示在工作界面中,再次单击该菜单命令,✔标记将会消失,说明该面板已被隐藏。
- "帮助"菜单命令:主要用于了解AE的具体情况和各种帮助信息。

(3)工具箱

工具箱位于菜单栏下方,主要包括3个部分,左侧为工具按钮组,中间为工作模式选项,右侧为搜索框,如图1-8所示。

图 1-8　工具箱

- 工具按钮组:工具按钮组中最左侧为"主页"按钮🏠,用于打开AE的主页界面,在其中可进行新建项目、打开项目等操作。其他则是操作时最为常用的一些工具按钮,有的工具右下角有一个小三角图标,表示该工具位于一个工具组中,在该工具组上按住鼠标左键,可显示该工具组中隐藏的工具。单击某个按钮,当其呈蓝色显示时,说明该按钮处于激活状态。
- 工作模式选项:用户可根据自身需求,在工作模式选项中选择不同模式的工作区,包括默认、学习、标准、小屏幕和库5种工作模式。单击工作模式选项右侧的▶按钮,可在打开的下拉列表中选择更多的其他面板,以及编辑工作区。
- 搜索框:在搜索框中输入需搜索的问题后按【Enter】键,可进入Adobe官方网站查看搜索结果。

🔔 **提示**

　　工具箱同时也是一个功能面板,可通过【窗口】/【工具】命令对其进行隐藏或显示,但不能改变"工具"面板的位置和大小。

(4)面板

与Premiere一样,AE中也有多个面板。除了前面所讲的"工具"面板外,还有以下3个常用面板。

- "项目"面板:"项目"面板是管理素材的重要工具。在"项目"面板中不仅可以新建项目文件和合成文件,以及其他类型的文件,还可以导入素材,所有被导入AE中的素材都将显示在该面板中,如图1-9所示。
- "合成"面板:"合成"面板主要用于显示当前合成的画面效果,如图1-10所示。
- "时间轴"面板:"时间轴"面板是AE的核心面板之一。它包含两大部分,左侧为图层控制区,右侧为时间线控制区,如图1-11所示。其中左侧区域用于管理和设置图层对应素材的各种属性,右侧区域则用于为对应的图层添加关键帧以实现动态效果。

图1-9 "项目"面板

图1-10 "合成"面板

图1-11 "时间轴"面板

除此之外,通过单击"时间轴"面板左下角的3个按钮可以显示或隐藏图层控制区中的3个主要窗格:"图层开关"窗格、"转换控制"窗格和"入点/出点/持续时间/伸缩"窗格,如图1-12所示。

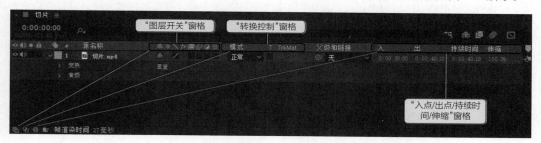

图1-12 "时间轴"面板中的窗格

在AE中,也可以使用与在Premiere中相同的方法来调整面板位置和大小,从而创建适合自己的工作区。

资源链接

图层控制区的"图层开关"窗格、"转换控制"窗格和"入点/出点/持续时间/伸缩"窗格中包含了大量的功能按钮,在AE中运用较为频繁。扫描右侧的二维码,可查看详细内容。

扫码看详情

设计素养

　　一个优秀的视频后期制作从业人员除了需要掌握必备的软件操作能力外，还需要持续提高自身技能、拓宽自身知识面，实时了解业界最新动态，从而制作出符合当下时代特征的视频作品。同时，还应培养自身良好的导演思维，赋予视频作品以影像美学价值和思想观念价值。

1.3
视频后期制作流程

　　视频后期制作并不能凭空设想，而应根据流程一步一步地完成，这样才能在后续的制作过程中做到有条理、有目标、有规划，进而提高工作效率。同时，学习和掌握视频后期制作流程，也有利于制作其他视频作品。一般来说，视频后期制作流程大致包括输入、编辑、输出3个主要环节，但根据实际操作的习惯和不同软件的特点，可将视频后期制作流程细化为以下6个环节。

1.3.1　分析制作思路

　　分析制作思路就是在视频后期制作前进行前期策划，包括明确视频的内容定位，以及构思和创作脚本两个方面。

- 明确视频的内容定位：不同的目标用户所关注的视频内容、视频风格不同，因此视频后期制作人员在分析制作思路时可以根据用户对视频的兴趣爱好和需求来确定视频的内容定位。这样可以为视频提供用户基础，吸引更多的用户观看。
- 构思和创作脚本：好脚本是创作出优秀视频的关键，因此构思和创作脚本是整个视频创作过程中非常重要的一个步骤。在构思和创作脚本时，视频后期制作人员可以先拟定一个提纲，然后根据拟定的提纲做好视频的拍摄、剪辑、录音、配音、配乐、特效、合成输出等各个环节的细节描述，使脚本尽量保持完整。这样不管是在前期的准备过程中，还是在后期的制作过程中，都可以通过脚本的协助，保证视频后期制作工作能够有条不紊地进行，并且更方便地控制制作过程，从而提高制作的速度和质量。

1.3.2　收集和整理素材

　　素材是视频的组成部分，收集需要的素材并对其进行整理可方便后续操作，这也是视频后期制作流程中非常关键的一个环节。

1. 收集素材

　　进行视频剪辑常见的素材主要有文字素材、图像素材、音视频素材、项目模板素材、插件素材等，可以通过网站收集、实地拍摄、合作方提供等方式收集。

- 网站收集：网站收集是指通过各种资源网站，如千图网、花瓣网、摄图网等收集一些图像、音视频、项目模板等素材。但使用时要注意版权问题。

- 实地拍摄：为了制作出视觉效果更突出的视频，剪辑人员可以通过实地拍摄获取素材。在进行实地拍摄之前应该做好准备工作，如检查拍摄器材的电池电量是否充足、检查DV带是否准备充足；若需要进行长时间拍摄，还应该安装好三脚架。另外，还要确定拍摄的主题，同时对实地现场的大小、灯光情况和主场景的位置进行考察。

- 合作方提供：除了以上两种素材收集方式外，也可以从合作方处获得制作视频需要的文字、图像和音视频资源等。

2. 整理素材

完成素材的收集后，可以将这些素材保存到指定位置，并根据不同类别进行分组管理，以便下次查找。例如可将拍摄的所有视频素材按照时间顺序、镜头序号或者视频脚本中设置的剧情顺序进行排序归类，以提高工作效率。

1.3.3　视频剪辑

视频剪辑是指将收集和整理后的视频素材按照剪辑思路进行归纳、剪切、拼接，删除不需要的视频，并将内容合适的视频重新组合等，使其符合实际需求。总体来说，视频剪辑主要分为以下4个流程。

- 熟悉素材，整理思路：进行视频后期制作前，首先应该熟悉收集的素材，只有对这些素材有了大致印象，才能根据素材和前期的准备整理出剪辑思路。

- 导入素材，分类筛选：明确剪辑思路后，就可以将素材导入视频后期制作软件中，并根据需要对素材进行分类筛选，以便后期剪辑视频。

- 视频粗剪：导入素材后，就可以选择合适的视频片段进行拼接剪辑，搭建出整个视频的大致框架以及故事情节，完成视频的粗剪。

- 视频精剪：对于要求较高的视频作品，还可以在完成粗剪后，再进行精剪，包括画面精细组接和视频节奏、视频氛围的调整等，使整个视频的情绪氛围及主题得到进一步升华。

🔗 资源链接

视频剪辑是视频后期制作中非常重要的一个环节，读者除了需要掌握视频剪辑的流程，还需要了解视频剪辑的常用手法。扫描右侧的二维码，可查看详细内容。

扫码看详情

1.3.4　视频效果制作

剪辑好视频后，可以继续通过为视频添加过渡效果，以及对视频进行调色等操作提升画面的视觉美观度，再根据画面需要添加文字、背景音乐、音效等，制作出符合画面氛围的特殊效果；还可以通过制作视频特效、抠像特效、跟踪特效等丰富视频内容，突出视频主题，如图1-13所示。

图1-13 视频效果制作

1.3.5 视频合成

为了让后期制作的视频作品效果更丰富、更具吸引力，还可以进行视频合成，即通过各种方法将多种元素（包括收集的素材、制作的特效等）与其他视频很好地融合在一起，形成单一复合的画面，如图1-14所示。

图1-14 视频合成

1.3.6 渲染输出

完成以上操作后，可对整个视频作品进行渲染，以便流畅地查看完整作品。若想让其他用户也能轻松地观看最终效果，还需要对视频进行输出，使其能通过视频播放器进行播放。需要注意的是，在输出视频前应先对源文件进行保存，以便之后修改。另外，为防止出现文件丢失的情况，还可以打包视频作品，即将所有的媒体资源优化并整合到一起。

以上就是视频后期制作的常规流程，具体操作时可根据自身需求添加或删除步骤。

1.4

课堂实训——自定义Premiere的工作界面

1. 实训背景

为了使剪辑视频时工作更高效，请在Premiere中创建一个适合进行视频剪辑的工作区并保存，以便下次启动Premiere时使用。

2. 实训思路

在创建工作区时，可以根据面板的功能及其是否常用进行合理划分，如"时间轴"面板是编辑视频的核心，"源"面板和"节目"面板在视频编辑中也非常常用，因此可以适当增加其面积；而"媒体浏览器"面板、"信息"面板、"标记"面板、"历史记录"面板等在视频剪辑时不常用，因此可以将其关闭。本实训完成后的工作界面布局如图1-15所示。

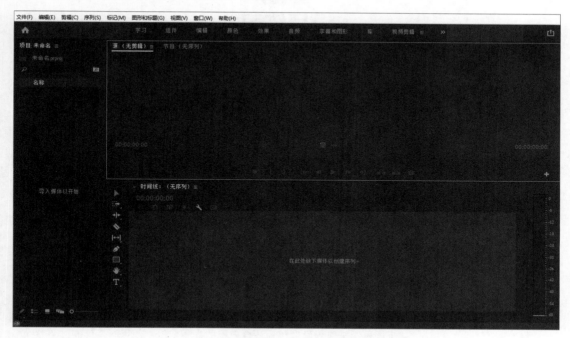

图 1-15　自定义 Premiere 的工作界面

3. 步骤提示

步骤 1　启动Premiere，在主页界面中单击 新建项目 按钮，打开"新建项目"对话框，设置项目名称和位置后，单击 确定 按钮，进入Premiere的工作界面。

步骤 2　选择"源"面板，按住鼠标左键，将其拖曳到"节目"面板左侧。使用相同的方法将"项目"面板拖曳到工作界面最左侧。

步骤 3　单击"媒体浏览器"面板名称右侧的 按钮，在弹出的下拉菜单中选择"关闭面板"命令关闭该面板。使用相同的方法依次关闭"效果控件"面板和"文本"面板。

步骤 4　将鼠标指针移动到"项目"面板右侧的分隔线上，当鼠标指针变为 形状时按住鼠标左键向左拖曳，缩小该面板。

步骤 5　将鼠标指针移动到"时间轴"面板上方的分隔线上，当鼠标指针变为 形状时按住鼠标左键向下拖曳，适当缩小该面板，从而增加"节目"面板和"源"面板的大小。

步骤 6　依次关闭工作界面最右侧的"效果"面板、"基本图形"面板、"基本声音"面板、"Lumetri颜色"面板、"库"面板、"标记"面板、"历史记录"面板和"信息"面板。

步骤 7　选择【窗口】/【工作区】/【另存为新工作区】命令，在打开的"新建工作区"对话框中设置新工作区名称为"视频剪辑"，然后单击 确定 按钮。

课后练习

练习 1 赏析 "秘密" 剧情短片

赏析 "秘密" 剧情短片，其片段如图1-16所示。要求结合视频画面效果，分析短片的剪辑手法和剪辑思路，熟悉视频后期制作流程。

图 1-16 "秘密" 剧情短片片段

素材位置：素材\第1章\ "秘密" 剧情短片.mp4

练习 2 调整 After Effects 的工作界面

将After Effects默认的 "小屏幕" 工作界面调整为适合自己的视频剪辑工作界面，可通过调整面板大小与位置、打开和关闭面板等操作完成。参考工作界面布局如图1-17所示。

图 1-17 参考工作界面布局

第 2 章

Premiere的基本操作

使用Premiere进行视频后期制作时，必须先新建和设置项目，再新建和设置合适的序列，然后将需要的素材导入Premiere中，接着编辑序列和素材，最后保存该项目。因此，掌握与项目、序列、素材相关的操作是使用Premiere的基础。

📖 学习目标

◎ 掌握新建、设置与保存项目的操作方法

◎ 掌握新建、设置与编辑序列的操作方法

◎ 掌握导入、创建和编辑素材的操作方法

✦ 素养目标

◎ 培养想象力与动手能力

◎ 深入学习Premiere，拓展知识面

◈ 案例展示

旅行短视频

新建、设置与保存项目

Premiere中的项目主要用于存储与序列和资源有关的信息，并记录所有的编辑操作。在使用Premiere进行视频后期制作时，必须先新建和设置项目，使其符合作品要求，待完成编辑操作后再保存项目。

2.1.1　新建项目

启动Premiere后，会自动进入主页界面。若之前打开过Premiere项目，则开始界面右侧会显示之前打开过的项目文件，单击项目名称，即可打开该项目。若单击位于该页面左侧的 新建项目 按钮，将打开"新建项目"对话框，如图2-1所示。在"新建项目"对话框中进行相关设置后，单击 确定 按钮，即可新建项目。

图2-1　"新建项目"对话框

若已经在Premiere中打开项目，可以选择【文件】/【新建】/【项目】命令或按【Ctrl + Alt + N】组合键新建项目，但当前打开的项目会被关闭，工作界面则会被切换到新建项目的界面中。

2.1.2　设置项目

在"新建项目"对话框中可以进行常规设置、暂存盘设置和收录设置，每一部分的设置重点皆有不同，因此应先了解"新建项目"对话框中各种设置的含义，然后根据实际需要进行设置。

1．常规

在"常规"选项卡中可设置以下选项。

● 视频渲染和回放：包含"渲染程序"下拉列表框和"预览缓存"下拉列表框。其中"渲染程序"下拉列表框默认选择"仅Mercury Playback Engine软件"选项，表示直接使用计算机的中央处理器（Central Processing Unit，CPU）进行渲染处理。若当前计算机中有合适的显卡，可在渲染程序中选择"Mercury Playback Engine GPU加速（CUDA）"或"Mercury Playback Engine GPU加速（OpenCL）"选项，以提高渲染速度，如图2-2所示。"预览缓存"下拉列表框表示可使用图形处理器（Graphic Processing Unit，GPU）上的缓存来提高工作性能。

图 2-2　选择 GPU 加速

● 视频显示格式：用于设置播放视频的显示格式，默认选择"时间码"格式选项，可以对视频格式的时、分、秒、帧进行计数。

● 音频显示格式：用于更改"时间轴"面板和"节目"面板中音频的显示格式，有音频采样和毫秒两种格式选项。

● 捕捉格式：用于设置音频和视频采集时的捕捉方式，并设置为DV或HDV格式选项。DV指数字视频格式，HDV指高清视频格式，用户可根据自己的需要选择合适的捕捉格式。

2．暂存盘

在"暂存盘"选项卡中主要可设置捕捉的音频、捕捉的视频、视频预览、音频预览和项目自动保存路径，一般都选择"与项目相同"选项。若需要更改项目自动保存路径，可单击 ▆▆▆ 按钮，在打开的"选择文件夹"对话框中重新选择保存路径。

3．收录设置

若需要对项目中每个视频的剪辑做预处理，或者计算机性能不高，无法顺畅地处理高清视频时，都可以在"收录设置"选项卡中预先设置项目（要启用收录功能，需先安装Adobe Media Encoder）。

此外，在"新建项目"对话框中经常还需要设置项目名称和位置。注意，设置项目名称时，应尽量不使用默认的名称，以便管理项目；设置项目位置时，由于默认的保存位置是系统盘，一般需要单击 ▆▆▆ 按钮，在打开的"请选择新项目的目标路径"对话框中将指定文件的存储路径更改到当前计算机中内存空间最大的磁盘，以免系统盘文件过多造成计算机卡顿。

🔔 **提示**

> 新建和设置项目后，项目的设置将应用于整个项目。若需要对项目的部分设置进行更改，可选择【文件】/【项目设置】命令，在弹出的子菜单中选择"常规""暂存盘"或"收录设置"命令，打开"项目设置"对话框，在其中完成更改，然后单击 ▆▆▆ 按钮。

2.1.3　保存项目

新建或编辑项目后，需要对项目进行保存，以便后续操作。保存项目可通过"保存"命令、"另存为"命令和"保存副本"命令实现。

● 通过"保存"命令：选择【文件】/【保存】命令，或按【Ctrl+S】组合键，可以在项目原来的路径和名称上对文件进行保存。需要注意的是，若已经保存过该项目，在使用该命令时会自动覆盖已经保存过的项目。

- 通过"另存为"命令：选择【文件】/【另存为】命令，或按【Ctrl+Shift+S】组合键，打开"保存项目"对话框，在其中重新设置文件名称、保存类型和位置后，单击 按钮，即可保存项目。
- 通过"保存副本"命令：选择【文件】/【保存副本】命令，在"保存项目"对话框中设置保存的位置和名称后，单击 保存(S) 按钮，即可将该项目以副本形式保存。

2.2

新建、设置与编辑序列

一个项目可以由一个序列或多个序列组成。序列相当于一个小项目，可用于存放视频、音频、图像等素材，也可对这些素材进行编辑。

2.2.1 新建序列

Premiere中的大部分操作都在序列中完成，因此进行视频后期制作前需要先新建序列。

1. 新建空白序列

空白序列是指没有任何内容的序列，需要自行添加内容。要新建空白序列需打开"新建序列"对话框，主要有以下3种操作方法。

- 通过按钮：在"项目"面板右下角单击"新建项"按钮，在弹出的下拉列表中选择"序列"命令。
- 通过命令：选择【文件】/【新建】/【序列】命令。
- 通过"项目"面板：在"项目"面板空白处单击鼠标右键，在弹出的快捷菜单中选择【新建项目】/【序列】命令。

打开"新建序列"对话框（见图2-3），在"可用预设"栏中选择一种预设后，单击 确定 按钮，即可新建空白序列。新建的空白序列会自动添加到"时间轴"面板中。

图2-3 "新建序列"对话框

2. 基于素材新建序列

除了新建空白序列外，也可以将位于"项目"面板或"源"面板中的素材直接拖曳到"时间轴"面板中，或者在"项目"面板中选择素材，单击鼠标右键，在弹出的快捷菜单中选择"从剪辑新建序列"命令，新建一个与素材名称和大小相同的序列。

需要注意的是，如果素材与新建的序列不匹配，将打开图2-4所示的"剪辑不匹配警告"对话框，此时单击 更改序列设置 按钮会自动匹配序列参数与素材参数，使序列与素材保持一致。若不知道素材大小，可以直接使用预设的序列参数，单击 保持现有设置 按钮，按照序列参数改变素材参数。

图2-4 "剪辑不匹配警告"对话框

2.2.2 设置序列

设置序列可以通过"新建序列"对话框中的4个选项卡实现，以保证最终完成的视频作品的帧速率、尺寸等参数符合设计需求。

1. 序列预设

"序列预设"选项卡中包含了Premiere中预留的大量预设类型，这些预设类型的名称大多根据摄像机的格式来命名。常用的序列预设主要有两种：一种是DV-NTSC北美标准，适用于大部分DV和摄像机；另一种是DV-PAL欧洲标准，是默认的预设类型。在"可用预设"栏中任意选择一种预设，右侧的"预设描述"栏中将显示该序列的编辑模式、时基、帧大小、帧速率和像素长宽比等信息。

2. 设置

若需要修改预设的序列参数或需要自定义序列，可在"设置"选项卡中完成，如图2-5所示。其中，部分常用选项介绍如下。

- "编辑模式"下拉列表框：用于设置预览文件和播放视频的格式，由"序列预设"选项卡中所选的预设决定。若在其下拉列表中选择"自定义"选项，可在"视频"栏中自定义设置帧大小，如需设置帧大小为"720×720"，则只需在两个数值框中分别输入720。
- "时基"下拉列表框：时基就是时间基准，用于决定Premiere的视频帧数，帧数越高，渲染效果就越好。在大多数项目中，时基应该匹配视频的帧速率。
- "视频"栏：可通过"帧大小"数值框设置视频的宽度和高度（以像素为单位），还可设置视频的像素长宽比、指定帧的场序、选择显示时间的格式和设置工作色彩空间等参数。
- "音频"栏：用于设置音频的采样率和显示格式等参数。其中采样率决定着音频的品质，采样率越高，音频的品质就越高，但品质越高的音频需要的磁盘空间越大。
- "视频预览"栏：用于设置视频预览时的各项参数，包括选择合适的预览文件格式，以提供最佳的预览效果、为序列创建预览文件时的编解码器、指定视频预览时的帧宽度和高度、视频渲染质量等参数。

3. 轨道

一个序列至少包含一条视频轨道和一条音频轨道，而且其中的视频轨道和音频轨道可以共同并列于"时间轴"面板中。若是视频后期制作过于复杂，可能需要运用多条视频轨道和音频轨道进行叠加或混合制作。因此，在新建序列时还可以设置序列的视频轨道数量。

设置序列的视频轨道数量的操作为：在"新建序列"对话框中单击"轨道"选项卡（见图2-6），在"视频"栏的数值框中输入数值，可重新设置序列的视频轨道数量；在"音频"栏中单击 按钮可增加默认的音频轨道数量，勾选某轨道前的复选框可激活▣按钮，再单击该按钮将删除所选音频轨道。

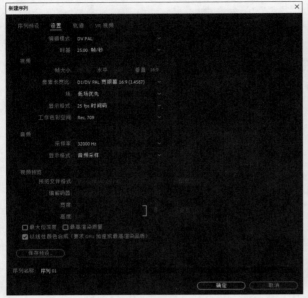

图2-5 "设置"选项卡

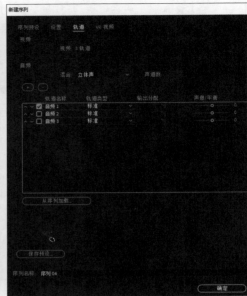

图2-6 "轨道"选项卡

> 🔔 **提示**
>
> 　　在"时间轴"面板左侧的任意轨道上单击鼠标右键，在弹出的快捷菜单中选择"添加轨道"命令，打开"添加轨道"对话框，在其中可批量添加不同类型的轨道、轨道数量，以及调整新轨道的位置；选择"删除轨道"命令，打开"删除轨道"对话框，在其中可选择需要删除的轨道；选择"添加单个轨道"命令，可直接新建一个视频轨道或音频轨道；选择"删除单个轨道"命令，可直接删除一个视频轨道或音频轨道。

4. VR视频

在"VR视频"选项卡中可以为虚拟现实（Virtual Reality，VR）视频序列设置VR属性，包括投影、布局、水平捕捉的视图、垂直等，也可以直接新建包括VR属性的序列，然后导入VR视频素材进行后期制作（VR视频是指用专业的VR摄影机将现场环境真实地记录下来，再通过计算机进行后期处理所形成的可以实现三维空间展示功能的视频）。

如果要修改序列设置，在序列上单击鼠标右键，在弹出的快捷菜单中选择"序列设置"命令，或在"项目"面板中选择序列，再选择【序列】/【序列设置】命令，都将打开"序列设置"对话框，在其中可以修改序列的各种参数，修改完毕后单击 确定 按钮。

> 🔔 **提示**
>
> 　　设置好序列后，单击 保存预设 按钮，打开"保存序列预设"对话框，在其中可以命名和描述序列，并可以保存当前序列，以便下次需要使用相同序列参数时能够直接使用，避免重复设置，增加工作量。

2.2.3 嵌套序列

进行视频后期制作经常会遇到项目中包含较多序列的情况，此时可使用嵌套序列的方法，将多个序列文件合并为一个序列文件，使其在"时间轴"面板中仅占用一个轨道。这样不仅可以节省空间，还可以统一对嵌套序列中的素材进行裁剪、移动等操作，从而节省时间。

嵌套序列的操作为：在"时间轴"面板中选择需要嵌套的序列后单击鼠标右键，在弹出的快捷菜单中选择"嵌套"命令，打开"嵌套序列名称"对话框，在"名称"文本框中设置序列名称，单击 **确定** 按钮，如图2-7所示。完成嵌套序列的操作后，"时间轴"面板中的两个序列文件将转换为一个序列文件。图2-8所示为嵌套序列前后的对比效果。

图2-7 "嵌套序列名称"对话框

图2-8 嵌套序列前后的对比效果

在嵌套序列文件上双击鼠标左键打开嵌套序列，然后对嵌套序列中的单个序列文件进行修改与调整。一般来说，一个完整的序列文件被称为主序列，而主序列中的嵌套序列被称为子序列，它们之间是包含与被包含的关系。

> 🔔 **提示**
>
> 除了嵌套序列外，"时间轴"面板中的素材同样可进行嵌套操作。对素材进行嵌套处理后，不仅能统一管理嵌套后的素材，也可以直接在嵌套中单独处理素材，避免对其他素材造成影响。

2.2.4 简化序列

当序列中的素材繁多且杂乱时，可通过简化序列自动删除不需要的轨道及序列上的标记等，让序列看上去更加整洁美观。

简化序列的操作为：选择需要简化的序列，然后选择【序列】/【简化序列】命令，打开"简化序列"对话框，如图2-9所示。在其中进行相应的设置后，单击 **简化** 按钮，将会新建一个简化后的序列副本，如图2-10所示。此时，"时间轴"面板中也会自动打开简化后的序列。图2-11所示为简化序列前后的对比效果。

图2-9 "简化序列"对话框

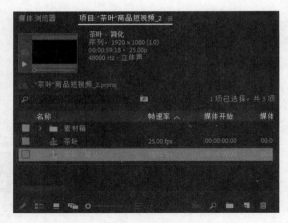

图 2-10　序列副本

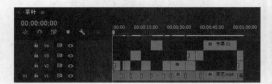 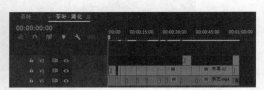

图 2-11　简化序列前后的对比效果

技能
提升

　　竖版短视频是目前短视频平台上常见的一种视频播放形式，比较符合用户竖直持握手机的使用习惯，同时也更易将用户的兴趣点聚焦到视频画面的主体上。

　　在Premiere中，可以使用"自动重构序列"功能自动调整视频的长宽比。该功能可智能识别视频中的动作，并针对不同的长宽比重构视频。其操作方法为：选择需要调整的视频素材，然后选择【序列】/【自动重构序列】命令，打开"自动重构序列"对话框，在"目标长宽比"下拉列表框中选择指定的长宽比（也可以自定义），单击 创建 按钮。

　　请根据本节所讲内容，使用"自动重构序列"功能将提供的横版视频（配套资源：素材\第2章\横版视频.mp4）转换为竖版视频。图2-12所示为调整前后的对比效果。

高清视频

图 2-12　调整前后的对比效果

导入、创建和编辑素材

在Premiere中剪辑视频时，经常会使用到很多不同类型的素材。因此，在进行视频剪辑之前，首先需学习素材的导入、创建、编辑与管理等各项操作。

2.3.1　课堂案例——制作旅行短视频

案例说明： 某旅行博主想要以热门话题"旅行的意义"为主题制作一个短视频，要求在短视频中添加提供的视频素材和装饰素材，并且在视频开头突出短视频的主题，时长为30秒左右，参考效果如图2-13所示。

知识要点： 导入素材、设置素材属性、创建黑场视频素材。

素材位置： 素材\第2章\旅行视频.mp4、"旅行短视频素材"文件夹

效果位置： 效果\第2章\旅行短视频.prproj

高清视频

图2-13　参考效果

设计素养

短视频即短片视频，是一种互联网内容传播方式。随着移动通信技术的飞速发展，以及智能手机的普及，短视频已经成为人们休闲娱乐、记录生活的一种方式。与此同时，短视频内容也对年轻用户产生了很大影响。因此，视频后期制作人员在制作短视频时要考虑到年轻的受众群体，在短视频内容中传播健康、阳光、积极向上的价值观念，宣传社会正能量，引导良好网络风气和社会风气。

其具体操作步骤如下。

步骤 1 新建名称为"旅行短视频"的项目文件，在"项目"面板空白处双击鼠标左键，打开"导入"对话框，选择"旅行视频.mp4"视频素材，单击 **打开(O)** 按钮，将其导入"项目"面板中。

步骤 2 在"项目"面板中选择"旅行视频.mp4"视频素材，将其拖曳到"时间轴"面板中，基于此新建序列，如图2-14所示。

步骤 3 此时"项目"面板中新增一个名称为"旅行视频"的序列文件，如图2-15所示。

视频教学：
制作旅行短视频

图2-14 基于素材新建序列 　　　　图2-15 在"项目"面板中查看序列

步骤 4 在"项目"面板中选中"旅行视频"序列文件,然后单击文件名称,在激活的文本框中输入"总序列"文字,按【Enter】键将序列重命名。

步骤 5 按【Ctrl+I】组合键,打开"导入"对话框,选择"旅行短视频素材"文件夹,单击 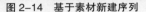按钮,将文件夹导入"项目"面板中,然后将其中的"装饰.png"素材拖曳到"时间轴"面板中的V2轨道上。

步骤 6 在"时间轴"面板中选择V2轨道上的素材,打开"效果控件"面板,调整缩放属性和位置属性的相关参数,如图2-16所示。

步骤 7 选择"文字工具" ，在画面中间单击鼠标左键,然后输入"探寻"文字并进行选择。打开"基本图形"面板,在"文本"栏中设置字体为"Adobe 宋体 Std"、字体大小为"90"、填充为"#FFFFFF",如图2-17所示。

图2-16 调整素材属性 　　　　　　　图2-17 设置文本

步骤 8 继续输入其他文字,调整为不同大小,并在"节目"面板中调整文字的位置,效果如图2-18所示。

步骤 9 在"项目"面板中双击"旅行短视频"文件夹,选择"气球.png"素材,将其拖曳到"时间轴"面板中V3轨道素材上方,此时会自动新建V4轨道,并且该素材会自动放置到V4轨道上。在"时间轴"面板中选择"气球.png"素材,在"效果控件"面板中调整位置属性为"1498.0 203"、缩放属性为"20"。

步骤 10 将时间指示器移动到00:00:07:01处,选择"文字工具" ，在画面中间单击鼠标左键,然后输入文字,调整文字大小为"50",并将文字置于画面中心,效果如图2-19所示。

步骤 11 将时间指示器移动到00:00:14:06处,在"时间轴"面板中选择输入的文字素材,按住【Alt】键,将其拖曳到时间指示器的位置,复制文字素材后的效果如图2-20所示。

步骤 12 在"节目"面板中修改复制的文字内容,使用与步骤11相同的方法在00:00:21:14处再次复制文字素材,并修改文字内容。

图2-18　输入并调整文字

图2-19　文字效果

步骤 13 在"项目"面板右下角单击"新建项"按钮 ，在弹出的下拉列表中选择"黑场视频"命令，打开"新建黑场视频"对话框，单击 确定 按钮，然后将"项目"面板中的黑场视频素材拖曳到"时间轴"面板中，如图2-21所示。

图2-20　复制文字素材后的效果

图2-21　添加"黑场视频"素材

步骤 14 在"时间轴"面板中选择黑场视频素材，打开"效果控件"面板，展开"不透明度"栏，单击不透明度属性前的"切换动画"按钮 ，设置不透明度属性为"0%"，如图2-22所示。将时间指示器移动到视频结尾，设置不透明度属性为"100%"。

步骤 15 将"旅行音频.mp3"音频素材拖曳到A1轨道上，如图2-23所示。最后按【Ctrl+S】组合键保存文件。

图2-22　设置不透明度属性

图2-23　添加音频素材

2.3.2　导入素材

在Premiere中进行视频后期制作前，首先需将准备好的素材导入Premiere中，然后才能对素材进行编辑。导入素材需先打开"导入"对话框，再进行导入的操作。

1. 打开"导入"对话框

在Premiere中新建项目文件后，在"项目"面板空白处单击鼠标右键，在打开的快捷菜单中选择"导入"命令，或直接在"项目"面板空白处双击鼠标左键，或通过【文件】/【导入】命令或【Ctrl+I】组合键，都可打开"导入"对话框。

2. 导入素材

Premiere支持导入多种类型的素材，但不同类型的素材的导入方法有所区别。

● 导入常规素材：在"导入"对话框中选择需导入的素材，单击 打开(O) 按钮可导入常规素材。

● 导入文件夹素材：在"导入"对话框中选择文件夹，单击 导入文件夹 按钮可导入文件夹素材。

● 导入图像序列素材：如果需要导入的图像素材有很多，可以使用图像序列的方式完成。导入图像序列，必须保证图像格式是相同的，且图像名称是连续的，如"1、2、3"或"01、02、03"等，即每个图像名称之间的数值差为1。只需选择其中一张图像，然后在"导入"对话框中勾选"图像序列"复选框，如图2-24所示。

图 2-24　导入图像序列素材

● 导入分层文件素材：如果需要导入分层文件素材，如PSD格式的文件，应指定导入的图层，或者选择将图层合并后再进行导入。其操作方法与导入常规素材的操作方法相同，只是在单击 打开(O) 按钮后将打开"导入分层文件：××"（××表示文件名称）对话框，如图2-25所示。在该对话框的"导入为"下拉列表框中，选择"合并所有图层"选项，则导入的素材将全部合并为一个图层；选择"合并的图层"选项，

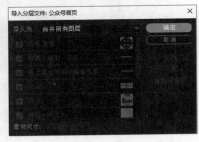

图 2-25　导入分层文件素材

则可选择部分图层合并后导入；选择"各个图层"选项，则以单个图层的形式导入所选图层；选择"序列"选项，不仅可以导入单个图层，还能使所选图层以一个序列的形式被导入。

2.3.3　创建 Premiere 自带素材

在Premiere中不仅可以导入外部素材，还能创建Premiere自带素材。创建的素材将自动位于"项目"面板中，用户进行视频后期制作时可直接将其拖曳到"时间轴"面板中使用，以满足自身特殊需求。

Premiere自带素材主要有6种类型，其创建方法均相同，具体为：选择【文件】/【新建】命令，在打开的子菜单中选择"彩条""黑场视频""颜色遮罩""通用倒计时片头""透明视频"等命令，或在"项目"面板中单击"新建项"按钮 ，在打开的下拉列表中选择创建的素材选项，如图2-26所示。

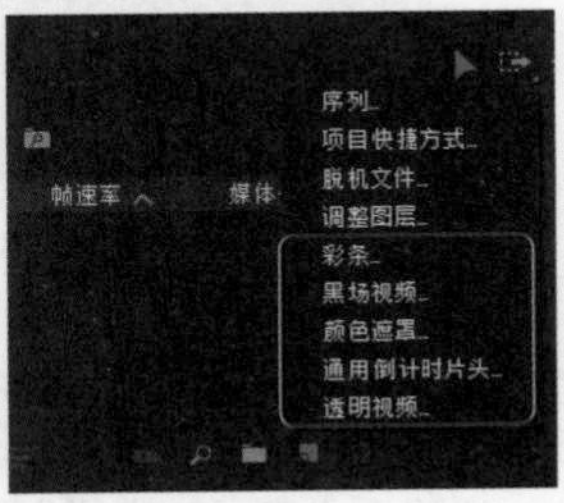

图 2-26　创建 Premiere
自带素材

● 彩条：用于两个素材中间或视频开头，自带特殊音效，可以增加过渡转场效果，也有校准色彩的作用。

● 黑场视频：用于视频片头、结尾或两段视频中间，可以制作一种过渡和循序渐进的效果。

● 颜色遮罩：颜色遮罩是一个覆盖整个视频的纯色遮罩，用于充当视频的背景。

● 通用倒计时片头：通用倒计时片头是一段倒计时素材，用于制作视频开始前的倒计时效果。

● 透明视频：透明视频是一段透明素材，具有透明的特性。将视频效果应用到透明视频中时，视频效果会自动应用到透明视频轨道下面的轨道素材中。因此透明视频只适用于一些涉及Alpha通道的效果，如闪电、时间码、网格等，而运用调色类效果将无法产生任何变化。

2.3.4 选择和移动素材

在视频后期制作过程中，如果需要对单个素材进行移动，可先选择该素材；如果需要同时对一些素材进行移动，则可同时选择多个素材。针对不同的情况，还可以使用不同的工具来选择和移动素材。

1. 使用选择工具

使用选择工具 ▶ 单击需要选择的素材，即可选择单个素材；在选择素材时按住【Shift】键，可依次单击选择多个不连续的素材；在选择素材时单击鼠标左键并拖曳鼠标指针，可创建一个包围所选素材的选取框，在释放鼠标左键后，选取框中的素材将被选中（此方法可用于选择不同轨道上的素材）。

选择素材后，按住【Ctrl】键，然后按住鼠标左键并拖曳鼠标指针可以移动素材位置；若没有按住【Ctrl】键，移动该素材将会直接覆盖原来位置处的素材。

> 🔔 **提示**
>
> 若某素材的音视频连接在一起，但用户只需要选择素材的视频部分或音频部分，此时可按住【Alt】键并单击视频或音频所在的轨道。也可在"时间轴"面板中选择该素材，单击鼠标右键，在弹出的快捷菜单中选择"取消链接"选项，将音视频分离。

2. 使用轨道选择工具

当"时间轴"面板中的素材和轨道层数较多且时间线较长时，使用选择工具 ▶ 选择和移动素材可能容易出错，此时可使用轨道选择工具快速选择轨道上的素材并执行移动操作。Premiere中的轨道选择工具可分为向前轨道选择工具 █ 和向后轨道选择工具 █ 。

选择向后轨道选择工具 █ 后，鼠标指针将变为双箭头状态，将其移动到"时间轴"面板中，时间轴上方会出现一条细线。此时单击轨道上的素材，将以细线为标准，选择轨道中细线上和细线后的素材，如图2-27所示。

向前轨道选择工具 █ 则与之相反，单击轨道上的素材，将以细线为标准，选择轨道中细线上和细线前的素材，如图2-28所示。

图2-27 使用向后轨道选择工具选择素材

图2-28 使用向前轨道选择工具选择素材

选择轨道选择工具后，按住【Shift】键，鼠标指针将变为单箭头状态，此时可直接选择某一个轨道上的细线前或细线后的素材。

使用轨道选择工具选择素材后，按住鼠标左键并左右移动鼠标，可在同一轨道上改变素材的位置；按住鼠标左键并上下移动鼠标，可改变素材的轨道。

2.3.5 设置素材属性

素材属性是指Premiere中每个素材都具备的基本属性。将素材添加至"时间轴"面板中并选择，在

"效果控件"面板中可以查看和设置属性，如图2-29所示。

1. 运动

运动属性组包括了位置、缩放、旋转、锚点和防闪烁滤镜5种基本属性。

图2-29 查看和设置素材属性

- 位置：用于设置素材在画面中的位置。该属性中共有两个数值框，分别用于定位素材在画面中的X轴坐标值（水平坐标）和Y轴坐标值（垂直坐标）。若在"效果控件"面板中选择"位置"选项，然后在"节目"面板中将鼠标指针移动到素材上，再按住鼠标左键并拖曳鼠标，可直接移动素材位置。

- 缩放：用于设置素材在画面中的显示大小。若勾选"等比缩放"复选框，在"缩放"数值框中输入数值后即可等比例缩放素材大小，默认值为"100"；若取消勾选"等比缩放"复选框，可分别对素材设置不同的缩放宽度和缩放高度，但易造成画面变形。

- 旋转：用于设置素材在画面中旋转的任意角度。当旋转角度小于360°时，"旋转"参数只显示为1个数字；当旋转角度大于360°时，"旋转"参数显示为2个数字，第1个数字代表旋转的周数，第2个数字代表旋转的角度。

- 锚点：在默认情况下，锚点即素材的中心点，图标显示为。注意，素材的位置、旋转和缩放都基于锚点进行操作。设置锚点时，除了可直接在数值框中输入准确的数值外，还可先在"效果控件"面板中选择"锚点"选项，然后在"节目"面板中将鼠标指针移动到锚点位置，当鼠标指针变为形状时，按住鼠标左键拖曳锚点，从而快速改变锚点位置，但这样也会同时改变位置属性的X值和Y值。

- 防闪烁滤镜：当转换隔行扫描视频或者缩小高分辨率素材时，可减少或避免画面细节的闪烁问题。

2. 不透明度

不透明度属性组用于调整素材的透明程度和混合模式，可让素材变成透明效果或其他特殊效果。

🔗 资源链接

Premiere中的混合模式与Photoshop中的图层混合模式类似，可以分为普通模式组、变暗模式组、变亮模式组、对比模式组、比较模式组和颜色模式组6个组。扫描右侧的二维码，可查看详细内容。

扫码看详情

---

3. 时间重映射

时间重映射属性组用于调整素材的播放速度，如加快、减慢、倒放等，常用于制作变速视频。若在"效果控件"面板中需要添加关键帧的属性前单击"切换动画"按钮，将自动在时间指示器所在时间点生成一个关键帧，记录当前属性值；然后移动时间指示器，并重新设置该属性值，将自动再次在当前时间指示器所在时间点添加关键帧。

2.3.6 课堂案例——更新美食宣传片

案例说明： 某餐饮店上新了几款应季产品，需要同步更新之前制作的美食宣传片，要求在不改变美食宣传片模板效果的基础上，对模板中的图像素材进行替换，以及对缺少链接但无须更改的素材进行重新链接，参考效果如图2-30所示。

高清视频

　　知识要点： 替换素材、链接脱机素材。

　　素材位置： 素材\第2章\背景.png、"模板"文件夹、"替换图片"文件夹

　　效果位置： 效果\第2章\美食宣传片.prproj

图2-30　参考效果

　　其具体操作步骤如下。

　　步骤 1 打开"模板"文件夹中的"模板.prproj"素材文件，选择【文件】/【另存为】命令，打开"保存项目"对话框，设置文件名为"美食宣传片"，单击 保存(S) 按钮。

视频教学：
更新美食宣传片

　　步骤 2 在"项目"面板中看到"背景.png"素材文件的图标显示为问号，表示该素材脱机，如图2-31所示。

　　步骤 3 在"背景.png"脱机素材上单击鼠标右键，在弹出的快捷菜单中选择"链接媒体"命令，打开"链接媒体"对话框，在其中单击 查找 按钮。在打开的对话框中单击 搜索 按钮，将自动选中"背景.png"素材，如图2-32所示。单击 确定 按钮，返回Premiere工作界面，此时素材已被重新链接。

图2-31　查看脱机素材

图2-32　链接脱机素材

　　步骤 4 按【Ctrl+I】组合键，打开"导入"对话框，选择"替换图片"文件夹，单击 导入文件夹 按钮，导入整个素材文件夹。

　　步骤 5 在"项目"面板中双击打开"可替换照片01"序列，然后双击打开"替换图片"文件夹，选择其中的"4.jpg"图像，按住【Alt】键，将该素材拖曳到"时间轴"面板中的"4.tif"素材上。替换素材前后的对比效果如图2-33所示。

　　步骤 6 在"时间轴"面板中查看，发现素材已经被替换，但因缩放较大，效果不美观。此时可在"效果控件"面板中调整缩放属性为"36"，使素材在"节目"面板中完全显示。

图 2-33　替换素材前后的对比效果

步骤 7 使用和步骤5、步骤6相同的方法依次替换其他素材，并调整素材至合适大小。为了避免软件卡顿，可将"项目"面板中的"1.tif~8.tif"图像删除，减少软件内存。完成后，按【Ctrl+S】组合键保存文件。

2.3.7　替换素材

如果项目文件中已有的素材不符合制作需要，可以通过替换素材来更改项目文件的最终效果，而无须重新制作。

1. 在"项目"面板中替换素材

在Premiere中编辑完素材并将其拖曳到"时间轴"面板中，如果需要使用外部素材来替换该素材，并使项目的持续时间保持不变和保留原有的关键帧，可通过替换"项目"面板中的原始素材让"时间轴"面板中使用该素材的剪辑自动更换。

其操作方法为：在"项目"面板中选择需要替换的素材，单击鼠标右键，在弹出的快捷菜单中选择"替换素材"命令，或选择【剪辑】/【替换素材】命令，在打开的对话框中双击选择需要替换的素材。

2. 在"时间轴"面板中替换素材

如果需要使用项目文件中的另一个素材（即用于替换的素材位于"项目"面板中）来更换"时间轴"面板中的素材，可在"时间轴"面板中替换素材。其操作方法主要有以下3种。

● 拖曳替换：在"项目"面板中选择用于替换的素材，按住【Alt】键，然后将该素材拖曳到"时间轴"面板中需要替换的素材上；或者在"项目"面板中选择被替换的素材，在"时间轴"面板中选择需要替换的素材，然后直接将被替换的素材拖入"节目"面板中的"替换"模块上，释放鼠标即可完成替换，如图2-34所示。使用这种方法也可以快速实现素材的插入、覆盖、叠加等操作。

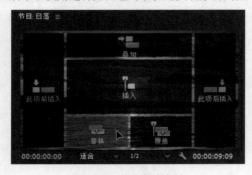

图 2-34　拖曳替换素材

- "从源监视器"命令替换：在"源"面板中设置用于替换素材的入点和播放指示器位置，然后在"时间轴"面板中选择需要替换的素材，单击鼠标右键，在弹出的快捷菜单中选择【使用剪辑替换】/【从源监视器】命令，将从"源"面板中设置好的入点开始替换；若选择【使用剪辑替换】/【从源监视器，匹配帧】命令，将以"源"面板播放指示器位置处的那一帧为参考，从"时间轴"面板中的时间指示器位置向左右两边替换，直至遇到上一段视频出点或下一段视频入点。
- "从素材箱"命令替换：在"项目"面板中选择用于替换的素材，接着在"时间轴"面板中选择需要替换的素材，单击鼠标右键，在弹出的快捷菜单中选择【使用剪辑替换】/【从素材箱】命令。

2.3.8 链接脱机素材

脱机素材是指在当前项目中缺失素材的占位符，若项目的存储位置发生了改变、源文件名称被修改或源文件被删除，都会导致素材脱机。脱机素材在"项目"面板中显示的媒体类型信息为问号，如图2-35所示；在"节目"面板中显示为脱机媒体文件，如图2-36所示。

图2-35 在"项目"面板中显示的脱机素材

图2-36 在"节目"面板中显示的脱机素材

脱机素材在最终输出作品时并没有实际内容，若要将作品输出需要先在"项目"面板中选择脱机素材，单击鼠标右键，在弹出的快捷菜单中选择"链接素材"或"替换素材"命令，将脱机素材重新链接或替换为有效素材。

技能提升

对于素材、序列和项目三者之间的关系，初学Premiere的人比较容易混淆，这里可以用一个简单的示意图来表示，如图2-37所示。根据该图以及本节所学知识回答以下问题。

（1）素材、序列、项目三者之间的层次关系是什么？

_____

（2）在"项目"面板中，如何分辨序列和素材？

_____

图2-37 示意图

2.4 课堂实训

2.4.1 制作餐具主图视频

1. 实训背景

某餐具卖家准备在网店上新一款产品,决定为该产品制作一个比例为1∶1的主图视频,发布在电商平台上,现已提供了视频、音频和装饰素材,需将其运用到视频中,并添加卖点文字。

2. 实训思路

（1）导入和查看素材。制作视频前,需要在Premiere中导入全部素材,但由于主图视频所需比例为1∶1,因此需要先在Premiere中查看素材比例,以便后面新建序列时可以选择合适的序列大小。

（2）新建序列。通过对视频素材进行分析,可以发现其比例与要求不符,因此需要新建比例为1∶1的序列文件。

（3）添加视频动画效果和文字。为了能在短时间内让用户了解到该视频的主要内容,可考虑在视频开头利用素材的属性关键帧添加动画效果,以及在视频中添加卖点文字。

高清视频

本实训的参考效果如图2-38所示。

图2-38 参考效果

素材位置: 素材\第2章\背景音乐.mp3、餐具.mp4、Logo.png

效果位置: 效果\第2章\餐具主图视频.prproj

3. 步骤提示

步骤 1 新建名为"餐具主图视频"的项目文件,并将提供的素材文件全部导入"项目"面板中。

步骤 2 按【Ctrl+N】组合键打开"新建序列"对话框,选择"设置"选项卡,在"编辑模式"下拉列表框中选择"自定义"选项,在"时基"下拉列表框中选择"30帧/秒"选项,在"像素长宽比"下拉列表框中选择"方形像素（1.0）"选项,并设置帧大小为"720 720"、序列名称为"主图序列",单击 确定 按钮。

视频教学:
制作餐具主图
视频

步骤 3 将视频素材拖曳到"时间轴"面板中的V1轨道上,将音频素材拖曳到A1轨道上。

步骤 4 新建一个颜色为"#FFFFFF"的颜色遮罩,然后将其拖曳到V1轨道上的第1段视频前面,再将"Logo.png"素材拖曳到V2轨道上,接着调整"Logo.png"素材缩放属性为"15",使用文字工具▣在该素材画面下方区域输入文字，并调整文字大小和位置。

步骤 5 将V2轨道和V3轨道上的素材嵌套，然后通过为嵌套序列添加不透明度属性的关键帧制作不透明度从"0%"到"100%"的变化效果。

步骤 6 使用文字工具▣，根据视频内容添加卖点文字，然后按【Ctrl+S】组合键保存文件。

2.4.2　制作"海南旅游攻略"短视频片头

1. 实训背景

某博主想要在短视频平台上发布一个以"海南旅游攻略"为主题的短视频，为了提高视频的吸引力，决定先制作一个大小为"1080像素×1820像素"的短视频片头，现需要将拍摄的视频素材和在Photoshop中制作的文字素材运用到视频片头中，以强调视频主题。

2. 实训思路

（1）添加视频素材。由于提供的视频素材大小与要求的短视频片头大小一致，因此可考虑将提供的视频素材直接创建为序列。

（2）添加文字素材。由于提供的文字素材是PSD格式，有多个图层，因此可考虑将其导入为一个个单独的图层，然后分别调整不同图层上文字素材的大小和位置。

高清视频

（3）添加动画。为了丰富视频效果，可考虑利用文字素材的属性关键帧制作出动画效果。

本实训的参考效果如图2-39所示。

图 2-39　参考效果

素材位置： 素材\第2章\风景视频.mp4、文字素材.psd

效果位置： 效果\第2章\"海南旅游攻略"短视频片头.prproj

3. 步骤提示

步骤 1 新建名为"'海南旅游攻略'短视频片头"的项目文件，并将所有素材导入"项目"面板中，其中"文字素材.psd"素材的导入方式为"序列"。然后将"风景视频.mp4"素材拖曳到"时间轴"面板中。

步骤 2 打开"文字素材"序列，在"时间轴"面板中选择V1轨道上的文字，在"效果控件"面板中激活缩放属性关键帧，设置缩放参数为"271.0"，将时间指示器移动到00:00:00:12位置，恢复缩放属性的默认值，然后对V2轨道上的文字进行相同的操作。

步骤 3 选择V3轨道上的文字，在"效果控件"面板中激活不透明度属性关键帧，设置不透明度参数为"0%"，将时间指示器移动到00:00:00:16位置，恢复不透明度属性的默认值，然后对V4轨道上的文字进行相同的操作。

步骤 4 返回"风景视频"序列，将"文字素材"序列拖曳到"风景视频"序列的V2轨道上视频的开始位置，然后按【Ctrl+S】组合键保存文件。

视频教学：
制作"海南旅游攻略"短视频片头

2.5 课后练习

练习 1 制作美食短视频

某餐饮企业为了吸引消费者的注意力，达到商业盈利的目的，需要制作一个美食短视频。现要求将提供的美食制作过程视频素材运用到短视频中，并在短视频中添加音乐，营造出轻松愉快的氛围。制作时，可导入需要的视频、图像、音乐素材，并通过颜色遮罩美化视频，参考效果如图2-40所示。

高清视频

图 2-40　参考效果

素材位置： 素材\第2章\美食短视频素材

效果位置： 效果\第2章\美食短视频.prproj

练习 2 制作淘宝主图视频

某商家想在淘宝平台上发布主图视频，为了在最短时间内增进消费者对商品的了解并激发兴趣，以促进转化率，需要在主图视频中添加文案和音频。制作时，可利用缩放属性关键帧和不透明度属性关键帧实现文字的动画效果，参考效果如图2-41所示。

素材位置： 素材\第2章\主图视频素材.mp4、古风音频.mp3

效果位置： 效果\第2章\淘宝主图视频.prproj

高清视频

图 2-41　参考效果

第 **3** 章 剪辑视频

　　剪辑是视频后期制作的一个重要环节，决定着整个作品的质量和流畅度。Premiere的视频剪辑功能非常强大，既可以对视频进行粗剪，也可以对视频进行精剪。视频后期制作人员在进行视频后期制作时，可以根据不同的需要选择合适的视频剪辑方式，有效提高剪辑效果和效率。

■📖**学习目标**
　◎ 掌握粗剪视频的操作方法
　◎ 掌握精剪视频的操作方法

■✧**素养目标**
　◎ 提升对视频剪辑的认识
　◎ 养成良好的视频剪辑操作习惯

■◈**案例展示**

美食视频

3.1
粗剪视频

粗剪视频是指将视频素材按照制作思路排列组合，删除不需要的视频片段，尽量保留与内容相符的画面。粗剪视频比较简单、快捷，适合剪辑一些对质量要求不高、内容比较简单的视频。

3.1.1 课堂案例——制作美食视频

案例说明： 立冬节气即将到来，为进一步弘扬中国传统文化，某公司准备开展"迎立冬·吃饺子"活动。现要求制作一个与饺子相关的美食视频，发布在短视频平台上进行宣传。由于现有的视频素材存在内容不连贯，且整体时长较长的问题，因此需要对该视频进行剪辑，参考效果如图3-1所示。

知识要点： 设置素材入点和出点、修改素材速度和持续时间。

素材位置： 素材\第3章\饺子视频1.mp4、饺子视频2.mp4、美食背景音乐.mp3

效果位置： 效果\第3章\美食视频.prproj

高清视频

图 3-1 参考效果

其具体操作步骤如下。

步骤 1 新建名称为"美食视频"的项目文件，将需要的视频素材和音频素材导入"项目"面板中。在"项目"面板中双击"饺子视频1.mp4"素材，在"源"面板中打开该素材，在"源"面板右侧可以看到素材片段的总时长为00：00：38：16，如图3-2所示。

视频教学：
制作美食视频

步骤 2 在"源"面板中将播放指示器移动到00：00：15：12处，单击"标记入点"按钮，将当前时间点标记为入点，如图3-3所示。

步骤 3 继续将播放指示器移动到00：00：28：05处，单击"标记出点"按钮，将当前时间点标记为出点，在"源"面板右侧入点和出点之间的视频即为剪辑后的视频片段，如图3-4所示。

> 🔔 **提示**
>
> 在"源"面板中设置入点和出点时，可以将鼠标指针移动到入点位置，当鼠标指针变为█形状后拖曳剪辑后的视频片段的左边缘，或者移动到出点位置，当鼠标指针变为█形状后拖曳剪辑后的视频片段的右边缘，可以快速调整出点和入点之间的范围。

步骤 4　在"源"面板中选择素材，然后按住鼠标左键并拖曳鼠标，将其拖入"时间轴"面板中，此时位于"时间轴"面板中的视频片段就是在"源"面板中设置的入点和出点之间的视频片段，如图3-5所示。

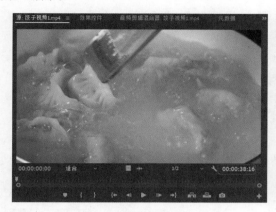

图 3-2　查看素材总时长

图 3-3　标记入点

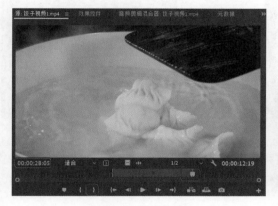

图 3-4　标记出点

图 3-5　在"时间轴"面板中插入视频片段

步骤 5　使用与步骤2同样的方法，在"源"面板中设置"饺子视频1.mp4"素材的入点和出点分别为00:00:00:00和00:00:15:06，然后将设置了入点和出点的视频拖曳到"时间轴"面板中前一个视频素材的后面，如图3-6所示。

步骤 6　使用步骤2~步骤4相同的方法，在"源"面板中设置"饺子视频1.mp4"素材的入点和出点分别为00:00:28:10和00:00:38:06，然后将设置了入点和出点的视频拖曳到"时间轴"面板中的V1轨道上，作为第3段视频素材，如图3-7所示。

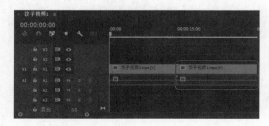

图 3-6　在"时间轴"面板中插入第 2 段视频素材

图 3-7　在"时间轴"面板中插入第 3 段视频素材

步骤 **7** 在"项目"面板中选择"饺子视频2.mp4"素材，然后将其拖曳到"时间轴"面板中的V1轨道上，作为第4段视频素材。

步骤 **8** 在"时间轴"面板中选择前两段视频素材，单击鼠标右键，在弹出的快捷菜单中选择"速度/持续时间"命令，打开"剪辑速度/持续时间"对话框，设置速度为"350%"，勾选"波纹编辑，移动尾部剪辑"复选框，单击 **确定** 按钮，如图3-8所示。使用同样的方法设置"时间轴"面板中后两段视频素材的速度为"500%"。

步骤 **9** 在"时间轴"面板中将时间指示器移动到视频开始位置，选择文字工具 **T**，在"节目"面板中输入文字"立冬"，在"基本图形"面板中设置文字字体为"汉仪综艺体简"、字体大小为"300"、填充为"#FFFFFF"，勾选"阴影"复选框，设置参数如图3-9所示。

步骤 **10** 按照与步骤9相同的方法，在"节目"面板中输入其他文字，设置文字字体为"黑体"、字体大小为"50"、字距为"450"，填充颜色保持不变，在"节目"面板中调整文字大小和位置，效果如图3-10所示。

图3-8 设置视频速度

图3-9 设置文本

图3-10 输入并调整文字

步骤 **11** 在"时间轴"面板中将时间指示器移动到00:00:03:16处，然后将鼠标指针移动到V2轨道上素材的出点，当鼠标指针变为"修剪出点"图标 后向左拖曳到时间指示器位置，剪辑文字素材，使文字只出现在第1段视频素材中，效果如图3-11所示。

步骤 **12** 将"美食背景音乐.mp3"素材文件拖曳到"时间轴"面板中的A1轨道上，将鼠标指针移动到音频素材的出点后向左拖曳，直至拖曳到视频素材的出点位置，完成音频素材的剪辑，如图3-12所示。最后按【Ctrl+S】组合键保存文件。

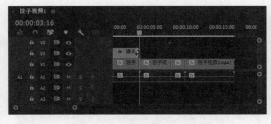
图3-11 拖曳视频出点

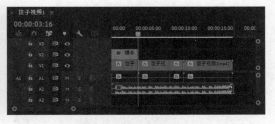
图3-12 拖曳音频出点

3.1.2 设置素材的入点和出点

在Premiere中设置素材的入点（视频的起点）和出点（视频的终点）是粗剪视频最有效的方法之一。在"源"面板和"时间轴"面板中都可以进行设置，具体如下。

1. 在"源"面板中设置素材的入点和出点

在"源"面板中为源素材设置入点和出点，可以在预览素材的同时对素材片段的内容进行筛选，以节省在"时间轴"面板中挑选素材的时间。具体可通过在"源"面板中添加入点和出点、清除入点和出点两个操作来完成。

（1）在"源"面板中添加入点和出点

进行后期制作时，导入的素材并非全部都需要使用，可能只需要使用其中的某一片段，此时可以通过在"源"面板中添加入点和出点来实现对源素材的快速剪切，从而得到需要的片段。

其操作方法为：在"源"面板中选择源素材，然后选择【标记】/【标记入点】命令和【标记】/【标记出点】命令；或单击鼠标右键，在弹出的快捷菜单中选择"标记入点"或"标记出点"命令；也可在"源"面板下面的工具栏中通过"标记入点"按钮 （快捷键为【I】）和"标记出点"按钮 （快捷键为【O】）完成入点和出点的添加操作。

（2）在"源"面板中清除入点和出点

在"源"面板中添加入点和出点的标记是永久的，即关闭后重新打开该素材时，这些入点和出点的标记依然存在。若需永久删除，可清除入点和出点。

其操作方法为：在"源"面板中选择源素材，然后选择【标记】/【清除入点】命令，可只清除入点；选择【标记】/【清除出点】命令，可只清除出点；选择【标记】/【清除入点和出点】命令，可同时清除入点和出点。在"源"面板中单击鼠标右键，在弹出的快捷菜单中选择"清除入点""清除出点""清除入点和出点"命令，也可清除入点和出点。

2. 在"时间轴"面板中设置素材的入点和出点

除了可以在"源"面板中设置源素材的入点和出点外，还可以在"时间轴"面板中直接设置时间轴上素材的入点和出点，操作方便快捷。其操作方法为：选择选择工具 ，在"时间轴"面板中选中要编辑的入点或出点，在出现"修剪入点"图标 或"修剪出点"图标 之后按住鼠标左键不放并拖曳鼠标，如图3-13所示。

图3-13 通过拖曳调整素材入点和出点

🔔 **提示**

在"节目"面板中，也可通过与"源"面板中相同的操作来设置入点和出点。但不同的是，在"节目"面板中设置入点和出点是整个视频的入点和出点，便于在输出视频时可以只输出入点与出点范围内的部分，其余部分将被裁剪，以精确控制视频的导出内容。另外，在"节目"面板中设置入点和出点后，可直接在"时间轴"面板中查看入点和出点范围内的视频效果。

3.1.3 修改素材的速度和持续时间

修改素材的速度和持续时间可以调整视频播放的快慢和显示时间的长短。其操作方法为：在"时间轴"面板或"项目"面板中选择需要的素材，然后单击鼠标右键，在弹出的快捷菜单中选择"速度/持续时间"命令，或选择【剪辑】/【速度/持续时间】命令，打开"剪辑速度/持续时间"对话框，如图3-14所示。在其中进行设置后，素材的显示时间也将发生变化。

图3-14 "剪辑速度/持续时间"对话框

"剪辑速度/持续时间"对话框中的各选项介绍如下。

- "速度"数值框：用于设置素材播放速度的百分比。
- "持续时间"数值框：用于设置素材显示时间的长短。该值越大，显示时间越长；该值越小，显示时间越短。
- "倒放速度"复选框：勾选该复选框，可反向播放视频画面。
- "保持音频音调"复选框：当视频中包含音频时，勾选该复选框，可使音频播放速度保持不变。
- "波纹编辑，移动尾部剪辑"复选框：勾选该复选框，可封闭视频因持续时间缩短而产生的间隙。

3.1.4 课堂案例——制作坚果产品宣传视频

案例说明：某电商商家上新了一款坚果大礼包产品，需要制作一个坚果产品宣传视频，展现在电商平台上。为了便于消费者了解产品，要求在每类产品出现时添加产品介绍文案，同时将不需要的视频画面删除，参考效果如图3-15所示。

高清视频

知识要点：添加和编辑标记、使用剃刀工具剪切视频。

素材位置：素材\第3章\坚果视频.mp4

效果位置：效果\第3章\坚果产品宣传视频.prproj

其具体操作步骤如下。

图 3-15 参考效果

步骤 1 新建名称为"坚果产品宣传视频"的项目文件，将"坚果视频.mp4"视频素材导入"项目"面板中，然后将其拖曳到"时间轴"面板中，接着取消视频和音频的链接，将A1轨道上的音频素材删除。

步骤 2 选择V1轨道上的视频素材，单击鼠标右键，在弹出的快捷菜单中选择"速度/持续时间"命令，打开"剪辑速度/持续时间"对话框，在其中设置速度为"200%"，单击 确定 按钮。

步骤 3 取消视频素材的选中状态，只选择"时间轴"面板，然后在视频开始位置按【M】键添加标记，接着将时间指示器移动到00:00:04:09处，按【M】键添加标记。使用相同的方法依次在00:00:08:29和00:00:13:02处添加标记，完成后的"时间轴"面板如图3-16所示。

视频教学：
制作坚果产品
宣传视频

步骤 4 在"时间轴"面板中选择第1个标记，单击鼠标右键，在弹出的快捷菜单中选择"编辑标记"命令，打开"标记"对话框，在"名称"文本框中输入"开心果"文字如图3-17所示，然后单击 确定 按钮。

图 3-16　添加标记

图 3-17　编辑标记

步骤 5 使用与步骤4相同的方法依次修改第2个标记的名称为"夏威夷果"、第3个标记的名称为"巴旦木"、第4个标记的名称为"碧根果"，将鼠标指针悬停在标记上会显示标记名称，以便在剪辑时区分每段视频的主要内容。

步骤 6 选择剃刀工具 ◆，鼠标指针会变为剃刀形状 ◆，将鼠标指针移动到视频素材上的第2个标记所处时间点，当标记与视频素材之间出现黑色的辅助线时单击鼠标左键，剪切视频素材，如图3-18所示。

步骤 7 使用与步骤6相同的方法依次在第3个和第4个标记所处时间点剪切视频素材，效果如图3-19所示。

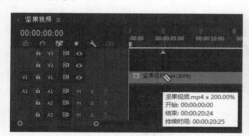

图 3-18　剪切视频

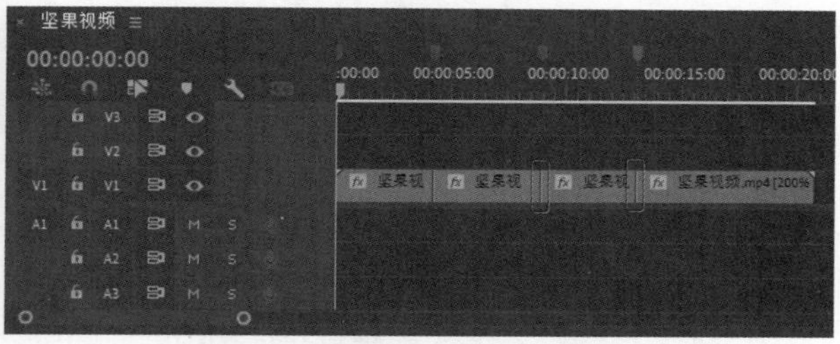

图 3-19　再次剪切视频

步骤 8 选择选择工具 ▶，在"项目"面板中新建一个颜色为"#AAD6CC"的颜色遮罩，然后将颜色遮罩拖曳到V2轨道上的时间指示器位置，并调整颜色遮罩的持续时间为"00:00:01:00"。

步骤 9 选择文字工具 T，在颜色遮罩上方输入开心果产品相关的介绍文字，并调整文字大小和位置，添加文字阴影，如图3-20所示。

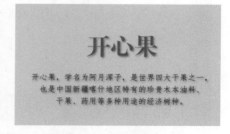

图 3-20　输入并调整文字

步骤 10 在"节目"面板中调整V3轨道上文字的持续时间与颜色遮罩素材的持续时间一致，然后选择V2和V3轨道上的素材，按住【Alt】键，将其拖曳并复制到第2、3、4标记处，效果如图3-21所示。

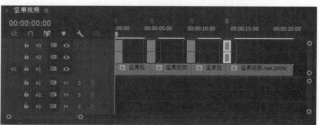

图 3-21　复制文字和素材

步骤 11 分别修改复制后的文字内容，效果如图3-22所示。最后按【Ctrl+S】组合键保存文件。

夏威夷果	巴旦木	碧根果
夏威夷果，又名澳洲坚果。是一种原产地在澳洲的树生坚果，经济价值高，素名享有"干果之王"的美称。	巴旦木，又称巴坦木，是新疆维吾尔自治区人民最珍视的干果，是一种营养密集型健康零食。巴旦木果小体型扁圆，果肉不能食用，主食果实的仁。	碧根果，又称长寿果，是美国山核桃的果实。果型如大橄榄状，肉多且香、壳脆，用手就可以轻易剥开。

图 3-22 修改文字

3.1.5 设置标记

在Premiere中进行视频后期制作时，可以添加标记，以便标识素材或序列中重要的时间点，从而快速查找和定位某一画面的具体位置。

1. 添加标记

根据标记位置和作用的不同，Premiere中的标记可分为两种类型：一种是剪辑标记，另一种是序列标记。由于不同类型的标记所起的作用不同，因此添加标记的位置也有所不同。

● 添加剪辑标记：剪辑标记用于对源素材的内部细节进行说明与提示。添加剪辑标记后，标记将显示在源素材中，并且可跟随剪辑素材进行任意移动（标记与素材的相对位置不会发生变化）。添加剪辑标记，主要是通过"源"面板或"时间轴"面板进行操作。其操作方法为：在"源"面板中预览视频，然后单击该面板左下方的"添加标记"按钮 �... （快捷键为【M】），此时时间指示器停放处的时间标尺上被添加标记，如图3-23所示。将添加标记后的素材拖曳到"时间轴"面板中，标记依然存在。在"时间轴"面板中将当前时间指示器移动到需要标记的位置，选中需添加标记的素材，单击该面板左上方的"添加标记"按钮 ...，标记将显示在素材中，如图3-24所示。

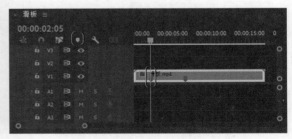

图 3-23 在"源"面板中为素材添加剪辑标记　　　　图 3-24 在"时间轴"面板中为素材添加剪辑标记

● 添加序列标记：序列标记用于对整个序列进行规划与提示。添加序列标记后，标记将显示在时间标尺中，并且固定在序列上，不随素材的移动而发生变化。添加序列标记，主要是通过"节目"面板或"时间轴"面板进行操作。其操作方法与添加剪辑标记的方法基本相同，只是在"时间轴"面板中添加序列标记时无须选中素材。图3-25所示分别为在"节目"面板和"时间轴"面板中为序列添加序列标记的效果。

图 3-25　在"节目"面板和"时间轴"面板中为序列添加序列标记

2. 编辑标记

在"源"面板、"节目"面板、"时间轴"面板中的时间标尺中双击添加的标记，或单击选择标记，然后单击鼠标右键，在弹出的快捷菜单中选择"编辑标记"命令，都可打开图3-26所示的"标记"对话框。在该对话框中除了可设置标记的名称、持续时间、颜色外，还可在"选项"列表中选中相应单选项，选择不同的标记类型。相应标记类型介绍如下。

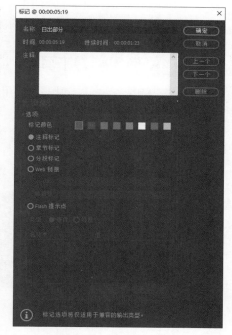

- 注释标记：最常用的标记类型，一般用于注释或注解所选部分。
- 章节标记：在DVD和蓝光光盘设计程序中可将此类标记转换成常规章节标记，用作DVD视频中的跳转点。
- 分段标记：用于在视频中定义范围。
- Web链接：一种支持某些视频格式的特殊标记，可用于视频播放时自动打开指定网页。
- Flash提示点：原Adobe Flash，现Adobe Animate 支持使用的标记，可用于触发设置的互动事件或跳转导航。

另外，选择添加标记后的"源"面板或"节目"面板，然后选择【窗口】/【标记】命令，可打开"标记"面板，如图3-27所示。在其中可以对标记进行编辑操作，并且单击"标记"面板中的某个标记，时间指示器将自动定位至"时间轴"面板中该标记的位置。双击"标记"面板中的某个标记，也可打开"标记"对话框。若为标记设置了持续时间，标记上的注释也将显示在"时间轴"面板中的标记上，如图3-28所示。

图 3-26　"标记"对话框

图 3-27　"标记"面板　　　　图 3-28　为标记设置了持续时间

3. 查找标记

当"时间轴"面板中存在多个标记时，用户还可以通过以下方法快速查找标记。

● 通过快捷菜单查找：在标记上单击鼠标右键，在弹出的快捷菜单中选择"转到上一个标记"命令将自动跳转到上一个标记；选择"转到下一个标记"命令将自动跳转到下一个标记。

● 通过菜单命令查找：选择某标记，然后在菜单栏中选择【标记】/【转到上一标记】命令将自动跳转到上一个标记；选择【标记】/【转到下一标记】命令将自动跳转到下一个标记。

● 通过按钮查找：单击"节目"面板或"源"面板下方工具栏中的"转到下一标记"按钮➡️和"转到上一标记"按钮◀️也可快速查找标记。

4. 删除标记

如果不需要某个标记，可进行删除操作。其操作方法为：在"时间轴"面板、"源"面板或"节目"面板中的时间标尺上单击鼠标右键，在弹出的快捷菜单中选择"清除所选的标记"命令，可删除所选标记；选择"清除所有标记"命令，可删除所有标记。

3.1.6 使用剃刀工具

剃刀工具◢️是Premiere中最为常用的视频剪辑工具，使用它不需要设置入点和出点便可直接在"时间轴"面板中剪切素材。剃刀工具的操作方法较为简单，只需选择剃刀工具◢️（默认快捷键为【C】），在需要剪切的位置单击鼠标左键即可，如图3-29所示。需要注意的是，使用剃刀工具◢️剪切视频时，默认只能剪切一个轨道上的视频。若想剪切多个轨道上相同位置的视频，按住【Shift】键，当鼠标指针变为◢️形状时，在其中任意一个轨道上单击即可，如图3-30所示。

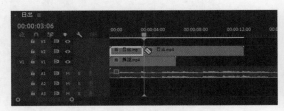
图3-29　剪切单个素材

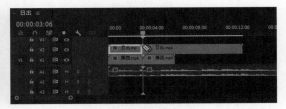
图3-30　剪切多个素材

疑难解答

使用剃刀工具同时剪切多个轨道上相同位置的素材时,如何避免剪切到不需要剪切的素材？

在按住【Shift】键并使用剃刀工具进行剪切前，先单击不需要剪切的素材所在轨道前的"切换轨道锁定"按钮🔒，当该按钮变为🔒形状时会锁定轨道，从而不可对该轨道进行任何操作。若需解锁轨道，可再次单击该按钮。

🔔 **提示**

除了可以使用剃刀工具剪切素材外，还可以使用快捷键实现快速剪辑素材。其操作方法为：在"时间轴"面板中选择需要剪辑的素材，将时间指示器移动到需要剪辑的位置，按【Ctrl+K】组合键可实现与使用剃刀工具相同的效果；按【Q】键将在剪辑后自动删除时间指示器前面部分的素材，后面部分的素材则与前面部分的素材自动拼接；按【W】键将在剪辑后自动删除时间指示器后面部分的素材。

技能
提升

　　视频后期制作主要通过多个镜头的组合来完成，并且不同的镜头会有不同的景别。因此，景别对视频画面的最终效果有着直接的影响。

　　请上网搜索景别的相关知识，将提供的视频素材（素材位置：素材\第3章\旅行.avi）根据"近景—中景—远景"的景别顺序重新剪辑排列，然后添加文字，丰富视频效果，如图3-31所示。扫描右侧的二维码，可查看完整的视频。

高清视频

图 3-31　风景视频

3.2 精剪视频

　　精剪视频是指对粗剪后的视频中一些偏离视频主题、与视频内容无关的画面进行删除，或为某些缺少信息的视频片段增加所需画面，从而进一步加强并巩固粗剪时确定的结构和节奏，以保证视频的流畅性。

3.2.1　使用视频编辑工具

　　在"时间轴"面板中合理地使用Premiere提供的一些视频编辑工具，可以快速、精确地调整视频的入点、出点、持续时间等，从而达到精剪视频的目的。

- 波纹编辑工具：波纹编辑工具 ⊟ 可以封闭由修剪导致的间隙，让相邻的素材一直吸附在旁边，常用于需要剪辑的视频片段较多的情况。其操作方法为：选择波纹编辑工具 ⊟，将鼠标指针移动到需要编辑视频的出点处，当出现"波纹出点"图标 ⊟ 时向左拖曳，如图3-32所示。此时，相邻素材将自动向左移动，与前面的素材连接在一起，后一个素材的持续时间保持不变，整个序列的持续时间发生相应变化，如图3-33所示。

图 3-32　向左拖曳出点

图 3-33　序列持续时间发生变化

● 滚动编辑工具：滚动编辑工具█也可以改变素材的入点和出点，但整个序列的持续时间不变。也就是说，使用滚动编辑工具█设置一个素材的入点和出点后，下一个素材的持续时间会根据前一个素材的变动而自动调整，如前一个素材减少了5秒，后一个素材就会增加5秒。滚动编辑工具█的使用方法与波纹编辑工具█的使用方法相似，都是将鼠标指针放在两个相邻素材的边缘，当鼠标指针变为█形状时，拖曳鼠标即可进行设置，如图3-34所示。

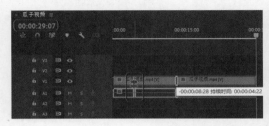

图 3-34   使用滚动编辑工具调整出点

● 比率拉伸工具：比率拉伸工具█可改变素材的速度，从而影响整个素材的持续时间。其操作方法与前面所讲编辑工具的操作方法一致。

● 外滑工具：外滑工具█可以在不改变整个序列的持续时间的同时，使素材的入点和出点画面发生变化。使用外滑工具█将素材向左拖曳可将右侧画面内容左移；向右拖曳可将左侧画面内容右移。图3-35所示为视频入点为00：00：00：00处的画面，选择外滑工具█在需要编辑的素材上向左拖曳2秒，可将后面第2秒的画面作为入点画面，并在"节目"面板中预览效果，如图3-36所示。

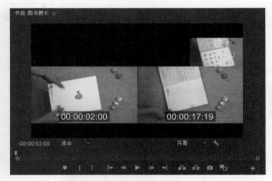

图 3-35   视频入点画面   图 3-36   预览效果

● 内滑工具：内滑工具█会使选中素材的持续时间保持不变，而改变相邻素材的持续时间。其作用与滚动编辑工具█的作用类似，但使用内滑工具█会使整个序列的持续时间发生变化。其使用方法与外滑工具█的使用方法一致。图3-37所示为使用内滑工具调整素材前后的对比效果。

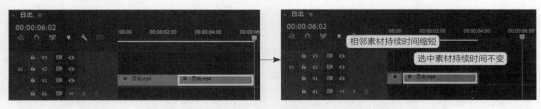

图 3-37   使用内滑工具调整素材前后的对比效果

3.2.2 课堂案例——制作女装卡点视频

案例说明： 某商家需要将拍摄的女装视频发布在短视频平台上，以吸引消费者购买该女装产品。现要求将其制作为一个节奏流畅的卡点视频，结合提供的卡点音乐，使视频画面与音乐相互配合、呼应，参考效果如图3-38所示。

知识要点： 创建子剪辑、自动化序列。

素材位置： 素材\第3章\女装素材

效果位置： 效果\第3章\女装卡点视频.prproj

高清视频

图3-38 参考效果

其具体操作步骤如下。

步骤 1 新建名称为"女装卡点视频"的项目文件，将素材文件夹中的所有素材全部导入"项目"面板中，然后新建帧大小为"720×720"、像素长宽比为"方形像素（1.0）"、名称为"服装展示卡点视频"的序列。

视频教学：制作女装卡点视频

步骤 2 将"卡点音频.mp3"素材拖曳到"时间轴"面板中，在A1音频轨道上可看到"卡点音频.mp3"音频素材的音频波动。按空格键试听音频，发现当卡点出现时，音频波动较大。为了便于接下来的操作，可在音频波动较大的地方添加标记。

步骤 3 依次在00:00:00:00、00:00:01:11、00:00:03:08、00:00:04:14、00:00:06:08、00:00:07:11、00:00:09:05、00:00:10:06位置按【M】键添加标记，效果如图3-39所示。

步骤 4 在"项目"面板中双击"模特1.mp4"素材，在"源"面板中将时间指示器移动到00:00:01:11处，按【O】键添加出点，按【Ctrl+U】组合键打开"制作子剪辑"对话框，如图3-40所示。然后单击 确定 按钮。

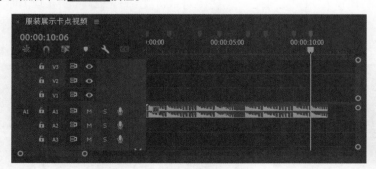

图3-39 添加标记

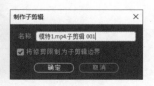

图3-40 "制作子剪辑"对话框

步骤 5 使用和步骤4相同的方法，在"模特1.mp4"素材的基础上依次制作入点为00:00:06:02、出点为00:00:08:17、入点为00:00:12:29、出点为00:00:14:19、入点为00:00:16:24、出点为00:00:19:00的子剪辑。

步骤 6 在"项目"面板中选择"模特2.mp4"素材，单击鼠标右键，在弹出的快捷菜单中选择"速度/持续时间"命令，打开"剪辑速度/持续时间"对话框，设置速度为"120%"，单击 确定 按钮，如图3-41所示。

步骤 7 在"项目"面板中双击"模特2.mp4"素材，在"源"面板中依次制作入点为00:00:00:00、出点为00:00:01:00、入点为00:00:07:12、出点为00:00:08:21、入点为00:00:11:17、出点为00:00:13:09、入点为00:00:14:23、出点为00:00:16:11的子剪辑。

步骤 8 在"项目"面板中选择所有的子剪辑素材，单击"项目"面板右下角的"自动匹配序列"按钮 ，打开"序列自动化"对话框，在"顺序"下拉列表框中选择"排序"选项，在"放置"下拉列表框中选择"在未编号标记"选项，如图3-42所示。然后单击 确定 按钮。

步骤 9 此时所有素材被自动添加到"时间轴"面板中，并按照标记点的位置自动匹配，如图3-43所示。但仍有部分视频素材超出标记点，需手动剪切。

图3-41 调整素材速度　图3-42 "序列自动化"对话框　　　图3-43 自动添加素材

步骤 10 调整第2段视频的速度为"100%"，将时间指示器移动到00:00:03:08处，该段素材时长将会变长，自动与下段素材连接，如图3-44所示。然后使用相同的方法调整第4段视频的速度为"70%"。

步骤 11 预览视频，发现第6段和第7段视频间有一个空白，导致播放到该处时画面会出现黑屏。将时间指示器移动到00:00:09:05处，选择第6段视频出点，按住鼠标左键不放并拖曳鼠标，将其紧接下一段视频入点，如图3-45所示。

图3-44 调整视频时长　　　　　　　　图3-45 调整视频出点

步骤 12 将时间指示器移动到音频素材出点，使用剃刀工具  在音频出点处剪切V1轨道上最后一段视频素材，然后删除剪切后的后一段视频素材。

步骤 13 为了便于统一移动音频素材和视频素材，可将其编组。选择选择工具 ，在"时间轴"面板中按住鼠标左键不放并拖曳鼠标选中所有素材，然后单击鼠标右键，在弹出的快捷菜单中选择"编组"命令。最后按【Ctrl+S】组合键保存文件。

3.2.3 制作子剪辑

首次被导入"项目"面板中的素材即为主剪辑。主剪辑又称源剪辑，从主剪辑生成的所有序列剪辑可看作子剪辑。通过主剪辑可以制作多个子剪辑，从而对整个素材进行细致划分。因此，主剪辑和子剪辑常用于精剪时间比较长、内容比较复杂的视频素材。

1. 创建子剪辑

在"源"面板中设置素材的入点和出点后，选择【剪辑】/【制作子剪辑】命令（快捷键为【Ctrl+U】），也可在"项目"面板或"源"面板中单击鼠标右键，在弹出的快捷菜单中选择"制作子剪辑"命令，打开"制作子剪辑"对话框，如图3-46所示。

> 🔔 **提示**
>
> 在"源"面板中添加入点和出点后，按住【Ctrl】键的同时选择"源"面板中的素材并往"项目"面板中拖曳，也可打开"制作子剪辑"对话框。

在"名称"文本框中可为子剪辑设置名称，勾选"将修剪限制为子剪辑边界"复选框，则整个子剪辑的持续时间将会固定，入点和出点也不能随时调整，单击 确定 按钮，可在"项目"面板中查看子剪辑，如图3-47所示。

2. 编辑子剪辑

在"项目"面板中选择子剪辑，然后选择【剪辑】/【编辑子剪辑】命令，打开"编辑子剪辑"对话框，如图3-48所示。在其中的"子剪辑"栏可重新设置入点（开始）和出点（结束）时间。

图 3-46 "制作子剪辑"对话框

图 3-47 查看子剪辑

图 3-48 "编辑子剪辑"对话框

> 🔔 **提示**
>
> 若在"制作子剪辑"对话框中取消勾选"将修剪限制为子剪辑边界"复选框，则将子剪辑拖曳到"时间轴"面板中后，可通过选择工具 直接拖曳素材两端来调整子剪辑的入点和出点。

3.2.4 自动化序列

利用Premiere的自动化序列功能可以快速将剪辑后的视频片段自动按照所选顺序排列在现有序列中。

其操作方法为：在"项目"面板中选择所需视频素材，单击"项目"面板右下角的"自动匹配序列"按钮，打开"序列自动化"对话框，如图3-49所示。该对话框中的部分选项介绍如下。

* "顺序"下拉列表框：用于确定素材放入序列中的顺序，包括"排序"和"选择顺序"两个选项。"排序"选项是将选中的素材按照"项目"面板中的顺序排列在序列中；"选择排序"选项则是按照所选素材的前后顺序排列在序列中。

* "放置"下拉列表框：用于确定素材放入序列中的方式，包括"按顺序"和"在未编号标记"两个选项。"按顺序"选项是指将选中的素材按照选择素材时的顺序放置；"在未编号标记"选项则是指按照标记位置放置所选素材（若要选择该选项，现有序列需要添加标记），选择此选项后，下面的"过渡"和"剪辑重叠"选项不可用。

图3-49 "序列自动化"对话框

* "方法"下拉列表框：用于确定素材的编辑类型，包括"插入编辑"和"覆盖编辑"两个选项。"插入编辑"选项是指从时间指示器位置插入所选素材；"覆盖编辑"选项则是指从时间指示器位置覆盖所选素材。

* "剪辑重叠"数值框：当在"过渡"栏中选中"应用默认音频过渡"复选框和"应用默认视频过渡"复选框时，可以在"剪辑重叠"数值框中指定过渡的持续时间。或者为了补偿过渡，需调整素材的入点和出点处的帧数。

* "静止剪辑持续时间"栏：包括"使用入点/出点范围"和"每个静止剪辑的帧数"两个单选项。"使用入点/出点范围"单选项可使用源素材的入点和出点设置范围；"每个静止剪辑的帧数"单选项可指定静止图像的持续时间（帧数）。

* "过渡"栏：可在每个音频或视频中应用默认的音频或视频过渡效果。

* "忽略选项"栏："忽略音频"复选框可让素材导入序列中时只有视频；"忽略视频"复选框可让素材导入序列中时只有音频。

3.2.5 课堂案例——制作"中秋月饼"Vlog

案例说明：中秋佳节即将到来，某美食博主准备制作一个"中秋月饼"Vlog，发布在自媒体平台上吸引受众观看。制作时需要精心剪辑提供的素材，删除不需要的部分，然后按照月饼制作顺序重新排列素材，参考效果如图3-50所示。

知识要点：提升和提取素材、插入和覆盖素材。

素材位置：素材\第3章\制作月饼.mp4、月饼背景音乐.wav

效果位置：效果\第3章\"中秋月饼"Vlog.prproj

高清视频

图 3-50 参考效果

 设计素养

　　Vlog全称是Video blog或Video log，意思是视频记录、视频博客、视频网络日志。现如今，Vlog已经成为很多人用于记录生活，分享美妆、产品、美食、旅行的一种方式。一般来说，制作Vlog的核心要点是真实、即兴。因此，在制作Vlog时要注意时效性和真实性，既要符合当下热点，又要贴合现实生活。

　　其具体操作步骤如下。

步骤 1　新建名称为"'中秋月饼'Vlog"的项目文件，将提供的素材全部导入"项目"面板中，然后将视频素材拖曳到"时间轴"面板中，并调整视频素材的速度为"300%"。

步骤 2　在"时间轴"面板中将时间指示器移动到00:00:02:17处，按【I】键标记入点，再将时间指示器拖曳到00:00:04:10处，按【O】键标记出点，如图3-51所示。

视频教学：制作"中秋月饼"Vlog

步骤 3　在"节目"面板中单击"提取"按钮，"制作月饼.mp4"素材中被标记的入点和出点部分将被移除，此时"时间轴"面板如图3-52所示。

步骤 4　在"时间轴"面板中设置入点为00:00:04:22、出点为00:00:07:09，然后单击"提取"按钮；设置入点为00:00:06:20、出点为00:00:09:16，然后再次单击"提取"按钮。

图 3-51　标记入点和出点（1）　　　　　　　图 3-52　提取素材

步骤 5　在"源"面板中显示视频素材，并设置素材的入点为00:01:03:21、出点为00:01:12:23，单击"覆盖"按钮，此时"源"面板中所选的入点和出点之前的视频片段会增加到"时间轴"面板中，如图3-53所示。

步骤 6　在"时间轴"面板中设置第4段视频的速度为"300%"，选择第4段视频与第5段视频之间的空白间隙，然后在其上方单击鼠标右键，在弹出的快捷菜单中选择"波纹删除"命令，使第5段视频与第4段视频紧密相连。

步骤 7　选择"时间轴"面板，在当前时间指示器处按【I】键标记入点，将时间指示器移动到00:00:14:21处，按【O】键标记出点，在"节目"面板中单击"提取"按钮；再设置入点为00:00:12:21、出点为00:00:16:00，然后再次单击"提取"按钮。

步骤 8 在"时间轴"面板中将时间指示器移动到00:00:15:12，在"源"面板中设置入点为00:01:14:04、出点为00:01:22:20，如图3-54所示。然后单击"插入"按钮。在"时间轴"面板中设置插入的视频速度为"300%"，并删除空白间隙。

步骤 9 在"时间轴"面板中将时间指示器移动到视频开头，在"源"面板中设置入点为00:00:42:00、出点为00:00:47:13，然后单击"插入"按钮，修改插入的视频速度为"200%"，并删除空白间隙。

图 3-53 覆盖素材

图 3-54 标记入点和出点（2）

步骤 10 在"时间轴"面板中将时间指示器移动到视频开头，在"源"面板中显示音频素材，在其中设置音频素材的出点为00:00:24:21（"制作月饼"序列的持续时间），然后单击"源"面板中的"覆盖"按钮，将音频插入序列中，如图3-55所示。最后按【Ctrl+S】组合键保存文件。

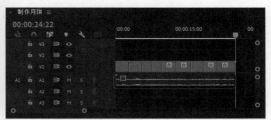

图 3-55 在序列中插入音频素材

3.2.6 插入和覆盖素材

进行视频后期制作时，可通过插入和覆盖素材的操作将素材添加到"时间轴"面板中，并且不改变其他轨道上素材的位置，从而提高剪辑速度。

1. 插入素材

插入素材通常有两种情况：一种是将当前时间指示器移动到两素材之间，插入素材后位于时间指示器之后的素材都将向后推移；另一种是将当前时间指示器放置在素材上，则插入的新素材会将原素材分为两段，新素材直接插入其中，原素材的后半部分向后推移接在新素材之后。插入素材前后的对比效果如图3-56所示。

其操作方法为：在"时间轴"面板中将时间指示器移动到需要插入的位置，在"源"面板中选择要插入"时间轴"面板中的视频素材（可利用入点和出点选择需要插入的视频片段，若不设置入点和出点，将直接插入整个视频），再单击"源"面板下方的"插入"按钮，或者在"源"面板中单击鼠标右键，在弹出的快捷菜单中选择"插入"命令，即可将选择的视频片段插入"时间轴"面板中，此时序列的持续时长变长；或在"时间轴"面板中将时间指示器移动到需要插入的位置后，在"项目"面板中选中要插入"时间轴"面板中的素材，接着单击鼠标右键，选择"插入"命令，将插入一段完整的素材。

图 3-56　插入素材前后的对比效果

2. 覆盖素材

覆盖素材与插入素材的效果类似。不同的是，覆盖素材时间指示器后方素材重叠的部分会被覆盖，且不会向后移动，也就是整个序列的时长不会改变。图3-57所示为覆盖素材前后的对比效果。

覆盖素材的操作方法与插入素材的操作方法大致相同，都需要先在"时间轴"面板中将时间指示器移动到所要插入的位置，然后在"源"面板或"项目"面板中选择需要添加的素材，再通过"源"面板下方的"覆盖"按钮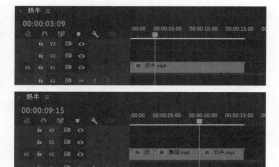，或者在"源"面板中单击鼠标右键，在弹出的快捷菜单中选择"覆盖"命令进行操作。

图 3-57　覆盖素材前后的对比效果

🔔 **提示**

除了可以使用"插入"按钮插入素材外，也可以直接将"项目"面板中的素材拖曳到"时间轴"面板中需要插入素材的位置，注意拖曳时必须按住【Ctrl】键，否则将执行覆盖素材操作。

3.2.7　提升和提取素材

通过入点和出点剪辑视频时，可能会出现不需要入点和出点之间内容的情况。此时可用提升和提取素材的操作在"时间轴"面板中删除指定的入点与出点之间的内容。

1. 提升素材

在提升素材时，Premiere会从"时间轴"面板中提升出一部分素材，然后在已提升素材的位置留一个空白区域。

其操作方法为：在"节目"面板中为需要删除的区域设置入点和出点。选择【序列】/【提升】命令，或在"节目"面板中单击"提升"按钮，即可完成提升素材的操作。此时Premiere会移除由入点标记和出点标记划分出的区域，并在时间轴上留下一个空白区域。图3-58所示为提升素材前后的对比效果。

2. 提取素材

在提取素材时，Premiere会从"时间轴"面板中移除一部分素材，然后移除素材后方的剩余部分会自动向前移动，补上被移除部分的空缺，因此不会有空白区域。

提取素材的操作方法与提升素材的操作方法大致相同，都需要先在"节目"面板中为需要删除的区域设置入点和出点，然后通过"节目"面板中的"提取"按钮，或选择【序列】/【提取】命令完成提取素材的操作。此时

图3-58　提升素材前后的对比效果

Premiere会移除由入点标记和出点标记划分出的区域，并将已编辑的部分连接在一起。图3-59所示为提取素材前后的对比效果。

图3-59　提取素材前后的对比效果

3.2.8　多机位剪辑

多机位是指使用两台或两台以上摄影机在同一时段以不同的角度拍摄同一个物体或场景。图3-60所示为使用3个机位拍摄的视频画面。使用Premiere剪辑多机位素材时，主要通过创建多机位源序列和编辑多机位序列来完成操作。

图3-60　使用3个机位拍摄的视频画面

1. 创建多机位源序列

在对多机位素材进行多机位剪辑前，首先需要创建多机位源序列。其操作方法为：将多机位素材导入"项目"面板中，选择所有素材后单击鼠标右键，在弹出的快捷菜单中选择"创建多机位源序列"命令，或者选择【剪辑】/【创建多机位源序列】命令，打开"创建多机位源序列"对话框，如图3-61所示。在"创建多机位源序列"对话框中可以通过入点、出点或时间码同步剪辑，也可以基于音频的同步来准确地剪辑素材。完成后单击　确定　按钮，然后在"源"面板中可以从多个角度来查看剪辑后的素材。

2. 编辑多机位序列

将创建好的源序列拖曳到"时间轴"面板中，就可以对多机位源序列进行编辑。在编辑时，可进入

多机位模式，同时查看所有摄像机拍摄的素材。单击"节目"面板右侧的"设置"按钮，在弹出的下拉列表中选择"多机位"命令，此时"节目"面板会切换到多机位模式。

在多机位模式下，"节目"面板中的画面将被分为两个部分，左边显示多机位画面，右边显示最终预览画面，如图3-62所示。

> ### 🔔 提示
>
> 编辑多机位序列时，可在摄像机之间来回切换以选择最终序列的素材。切换方法为：在"节目"面板或"时间轴"面板中，按空格键或单击"播放/停止切换"按钮▶进行播放。

图 3-61　"创建多机位源序列"对话框

图 3-62　在多机位模式下预览画面

技能提升

在精剪视频过程中，除了需要选择合适的剪辑方法外，通常还需要借助一些视频剪辑手法来改变视频的画面效果，让视频更加出彩。其中，蒙太奇剪辑就是一种非常常用的视频剪辑手法，主要包括叙事蒙太奇和表现蒙太奇两类。它可以将一连串相关或不相关的视频画面组合起来，用于共同衬托和表述一个主题。

- 叙事蒙太奇：叙事蒙太奇是以交代情节、展示事件为目的，按照视频中情节、事件发展的时间流程、因果关系来剪切并组合镜头，引导观众理解视频内容，从而给人以逻辑连贯、简明易懂的感觉。

- 表现蒙太奇：表现蒙太奇是以激发观众的联想，暗示或创造更为丰富的寓意为目的，按照视频中画面的内在联系来剪切组合镜头，从而表达创作者的某种心理、思想、情感和情绪。与叙事蒙太奇相比，表现蒙太奇不注重事件的逻辑、事件的连贯，更能表现创作者的主观意图。

请尝试使用本小节所讲知识，任意选择一种蒙太奇剪辑手法进行视频剪辑练习，以提高剪辑技术。

3.3 课堂实训

3.3.1 剪辑"好物开箱"Vlog

1. 实训背景

某好物测评博主新买了一款女包，为了给粉丝最真实的测评，拍摄了该款女包的开箱视频。现需要剪辑拍摄的女包视频，制作一个"好物开箱"Vlog，要求视频整体时长在20秒以内，并展示女包的细节，让粉丝更加了解该款女包的特点。

2. 实训思路

（1）剪辑和排列视频。通过对视频素材进行分析，可以发现视频素材时长超过20秒。因此，需要对视频进行剪辑，并将最终展示画面放置在整段视频最前面，然后按照开箱的步骤顺序排列视频素材。

（2）制作片头。为了让观看视频的消费者能在第一时间了解视频主题，需要先制作一个视频片头。在剪辑视频时，可以以此作为女包展示效果的背景，同时添加突出内容的主题文字。

高清视频

（3）添加音频。为了丰富视频，可为视频添加符合视频画面的音频，并对音频进行剪辑，使其符合视频时长。

本实训的参考效果如图3-63所示。

图 3-63 参考效果

素材位置： 素材\第3章\女包视频.mp4、女包背景音乐.mp3

效果位置： 效果\第3章\"好物开箱"Vlog.prproj

视频教学：
剪辑"好物开
箱"Vlog

3. 步骤提示

步骤 1 新建名称为"'好物开箱'Vlog"的项目文件，并将"女包视频.mp4"素材文件导入"项目"面板中，然后将其拖曳到"时间轴"面板中，接着取消音视频链接，并删除A1轨道上的音频。

步骤 2 在"时间轴"面板中将时间指示器移动到00:00:00:19处，在"项目"面板中双击视频素材，在"源"面板中设置入点为00:00:03:04、出点为00:00:29:06，然后单击"覆盖"按钮 🔳。

步骤 3 在"时间轴"面板中选择V1轨道上的第3段视频素材，按住【Ctrl】键，将其移动到V1轨道上的第1段视频素材前面作为片头。

步骤 4 在"节目"面板中设置入点为00:00:06:24、出点为00:00:08:09，单击"提取"按钮；在"节目"面板中设置入点为00:00:05:13、出点为00:00:06:11，单击"提取"按钮；在"节目"面板中设置入点为00:00:09:07、出点为00:00:10:03，单击"提取"按钮；在"节目"面板中设置入点为00:00:15:00、出点为00:00:16:15，单击"提取"按钮；在"节目"面板中设置入点为00:00:06:21、出点为00:00:07:10，单击"提取"按钮。

步骤 5 在"时间轴"面板中将时间指示器移动到00:00:21:01处，将视频出点移至该位置，然后调整第1段视频的速度为"200%"。

步骤 6 将"女包背景音乐.mp3"音频素材导入"项目"面板中，再将其拖曳到A1轨道上，然后使用剃刀工具在视频结束位置剪切音频，并删除剪切后的后半段音频。最后按【Ctrl+S】组合键保存文件。

3.3.2 制作"水果"产品短视频

1. 实训背景

某商家想在淘宝平台上发布一个"水果"产品的短视频，需要对之前拍摄的视频进行剪辑和重新拼接，同时在视频开头添加主题文案、在视频中间添加卖点文字，要求视频时长在10秒左右。

2. 实训思路

（1）剪辑视频并调整视频速度。由于提供的视频素材较长、片段较多，而且有的视频播放速度较慢，因此在添加素材后即可考虑先采用合适的剪辑方式对视频进行剪辑，加快部分视频的播放速度。注意在调整部分视频的播放速度时，需要让全部视频的播放速度基本保持一致，这样更有连贯性。

高清视频

（2）添加文字。为了丰富视频画面，并体现产品卖点，可考虑添加一些卖点文字和主题文案。

本实训的参考效果如图3-64所示。

图3-64 参考效果

素材位置：素材\第3章\水果素材
效果位置：效果\第3章\"水果"产品短视频.prproj

视频教学：
制作"水果"产品
短视频

3. 步骤提示

步骤 1 新建名称为"'水果'产品短视频"的项目文件，并将"水果素材"素材文件夹导入"项目"面板中，然后将"外观.mp4"视频素材拖曳到"时间轴"面板中。

步骤 2 将时间指示器移动到00:00:02:07处，按【Ctrl+K】组合键剪切视频，并将剪切后的后半段视频删除。将"切片.mp4"视频素材拖曳到"外观.mp4"视频素材后面，并调整该素材的速度为"200%"。

步骤 3 将时间指示器移动到00:00:21:00处，按【Q】键剪切视频。在"项目"面板中双击"汁水.mp4"视频素材，在"源"面板中设置入点为00:00:15:09、出点为00:00:22:11，单击"插入"按钮，在"时间轴"面板中设置插入的"汁水.mp4"视频素材的速度为"300%"。

步骤 4 在"源"面板中设置入点为00:00:24:05,单击"插入"按钮，在"节目"面板中设置插入的"汁水.mp4"视频素材的速度为"400%"。

步骤 5 将"切片.mp4"视频拖曳到V1轨道上的"汁水.mp4"视频素材后面，将时间指示器移动到00:00:23:18处，按【Q】键剪切视频；将时间指示器移动到00:00:17:04处，按【W】键剪切视频，并调整其速度为"300%"。

步骤 6 使用文字工具 在不同的视频中添加不同的文字内容，然后按【Ctrl+S】组合键保存文件。

3.4 课后练习

练习 1 制作"茶叶"产品短视频

某茶舍最近上新了一款新茶，现需要制作一个"茶叶"产品短视频，吸引消费者购买。要求该视频时长在20秒左右，风格偏自然、简洁，展现出茶舍名称、宣传语，同时突出茶叶卖点，参考效果如图3-65所示。

图 3-65 参考效果

素材位置：素材\第3章\茶叶素材

效果位置：效果\第3章\"茶叶"产品短视频.prproj

练习 2 制作"旅拍"Vlog

某旅行博主想要在短视频平台上发布一个视频时长在10秒左右的旅拍Vlog，展示自己的旅行状态，表达自己对生活的态度，以此来吸引有相同爱好粉丝的关注。为增强视频吸引力，以及达到视频总时长的要求，需要在Premiere中对拍摄的视频素材进行剪辑，并为其添加合适的文字和装饰素材，以美化视频画面和强调视频主题，参考效果如图3-66所示。

素材位置：素材\第3章\旅行视频.mp4、旅行音乐.mp3、视频框.png

高清视频

效果位置：效果\第3章\"旅拍"Vlog.prproj

图 3-66 参考效果

第4章 应用视频效果

进行视频后期制作时，为了让视频效果更加美观、更具视觉冲击力，同时更好地表现视频主题，可以在Premiere中为视频应用视频效果，如过渡、调色、抠像等，也可以编辑视频效果，使其更符合视频后期作品的需要。

📖 学习目标

◎ 熟悉常用的视频效果

◎ 掌握应用和编辑视频效果的方法

◇ 素养目标

◎ 加强对视频效果的理解，提高视频的流畅度

◎ 养成积极探索的良好习惯，不断挖掘视频效果与视频的结合方式

◈ 案例展示

毕业季纪念视频

常用视频效果

视频效果是指一些由Premiere封装好的程序，可以自动处理视频画面，模拟各种质感、风格、调色等。Premiere中的视频效果主要集中在"效果"面板中，由于视频效果较多，本节主要讲解视频过渡效果、调色效果、抠像效果和其他常见效果。

4.1.1　视频过渡效果

视频过渡（视频转场或视频切换）是指两个视频片段之间的衔接方式。制作视频过渡效果能使视频效果更加丰富，视频的整体质量更高。在Premiere中剪辑视频时，可以应用"效果"面板中的视频过渡效果来使视频片段之间的过渡流畅、自然。

默认情况下，Premiere将视频过渡效果统一保存在"效果"面板的"视频过渡"文件夹中。为了便于用户查找，Premiere又将这些视频过渡效果分为8组，其中每组中又包含了各种不同的视频过渡效果，如图4-1所示。

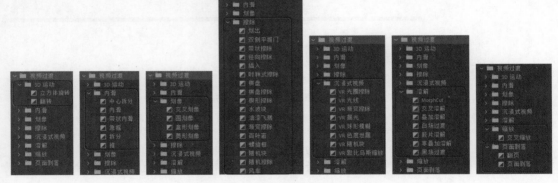

图 4-1　视频过渡效果组

1.　"3D运动"过渡效果组

"3D运动"过渡效果组包含了"立方体旋转"和"翻转"两种类型的过渡效果，可以通过模拟三维空间来体现出场景的层次感，从而实现三维场景的效果。图4-2所示为应用"立方体旋转"过渡效果的场景；图4-3所示为应用"翻转"过渡效果的场景。

图 4-2　应用"立方体旋转"过渡效果的场景　　　　图 4-3　应用"翻转"过渡效果的场景

2.　"内滑"过渡效果组

"内滑"过渡效果组包含了6种过渡效果，可以以滑动的形式切换场景。其中的"急摇"效果是Premiere Pro 2022版本新提供的过渡效果，可以使场景在滑动时出现动感模糊效果。图4-4所示为应用"急摇"过渡效果的场景。

3.　"划像"过渡效果组

"划像"过渡效果组包含了4种过渡效果，可将场景A从画面中心逐渐伸展到场景B。图4-5所示为应用"圆划像"过渡效果的场景。

图 4-4　应用"急摇"过渡效果的场景　　　　图 4-5　应用"圆划像"过渡效果的场景

4.　"擦除"过渡效果组

"擦除"过渡效果组包含了17种过渡效果，可以通过擦除场景A的部分内容来显示场景B，呈现出擦拭过渡的画面效果。其中"渐变擦除"过渡效果的应用较为特殊，将该效果应用到素材中，将自动打开"渐变擦除设置"对话框，如图4-6所示。在该对话框中单击 选择图像... 按钮，在打开的对话框中选定一个图像，如图4-7所示。返回"渐变擦除设置"对话框，在其中单击 确定 按钮，当擦除效果出现时，将按照用户选定图像的渐变柔和进行擦除（即从选定图像的暗部到亮部进行擦除）。图4-8所示为应用"渐变擦除"过渡效果的场景。

图 4-6　"渐变擦除设置"对话框　　图 4-7　选定图像　　图 4-8　应用"渐变擦除"过渡效果的场景

5.　"沉浸式视频"过渡效果组

"沉浸式视频"过渡效果组包含了8种过渡效果，主要用于VR视频，可以带来意想不到的视觉效果。图4-9所示为应用"VR漏光"过渡效果的场景；图4-10所示为应用"VR球形模糊"过渡效果的场景。

图 4-9　应用"VR 漏光"过渡效果的场景　　　　图 4-10　应用"VR 球形模糊"过渡效果的场景

6.　"溶解"过渡效果组

"溶解"过渡效果组包含了7种过渡效果，可实现场景A逐渐淡入而场景B逐渐显现的效果，从而很好地表现事物之间的缓慢过渡及变化。图4-11所示为应用"交叉溶解"过渡效果的场景；图4-12所示为应用"白场过渡"过渡效果的场景。

图4-11 应用"交叉溶解"过渡效果的场景　　　图4-12 应用"白场过渡"过渡效果的场景

7. "缩放"过渡效果组

"缩放"过渡效果组只包含了"交叉缩放"过渡效果。该效果会先将场景A放至最大，接着切换到场景B的最大化，最后缩放场景B到合适大小。

8. "页面剥落"过渡效果组

"页面剥落"过渡效果组包含了"翻页"和"页面剥落"两种过渡效果，可实现场景A以书本翻页的形式翻转至场景B的效果。图4-13所示为应用"翻页"过渡效果的场景；图4-14所示为应用"页面剥落"过渡效果的场景。

图4-13 应用"翻页"过渡效果的场景　　　图4-14 应用"页面剥落"过渡效果的场景

4.1.2 调色效果

Premiere中的调色效果保存在"效果"面板的"视频效果"文件夹的"颜色校正"效果组、"过时"效果组以及"图像控制"效果组中。

1. "颜色校正"效果组中的调色效果详解

"颜色校正"效果组中的效果用于视频画面的颜色调整和明亮度校正，主要包含6个效果，如图4-15所示。

- "ASC CDL"效果：用于对素材进行红、绿、蓝3种色相的调整以及饱和度的调整。
- "Brightness & Contrast"（亮度与对比度）效果：用于调整素材的　图4-15 "颜色校正"效果组
  亮度与对比度部分。
- "Lumetri 颜色"效果：不仅可校正还原视频本身的色彩，还能进行风格化调色，以塑造画面的意境感。应用该效果后，"效果控件"面板中的参数选项与"Lumetri颜色"面板中的参数选项相同。

 资源链接

　　"Lumetri 颜色"效果中包含了6个部分，每个部分都侧重于颜色校正工作流程中的特定任务，可以互相搭配使用，快速完成视频的调色处理。扫描右侧的二维码，查看详细内容。

扫码看详情

- "色彩"效果：用于对素材中的深色和浅色进行变换处理，以及调整这两种颜色在画面中的浓度。应用该效果前后的对比效果如图4-16所示。
- "视频限制器"效果：用于将视频的亮度和色彩限制在广播允许的范围内，若素材超出了该范围，将会出现警告。
- "颜色平衡"效果：用于对素材阴影、中间调和高光中的RGB色彩进行更加精细的调整，以保持画面中的色调平衡。应用该效果前后的对比效果如图4-17所示。

图 4-16　应用"色彩"效果前后的对比效果　　　　图 4-17　应用"颜色平衡"效果前后的对比效果

2. "过时"效果组中的调色效果详解

"过时"效果组包含了Premiere Pro 2022之前版本的效果，主要是为了与早期版本创建的项目相互兼容。本小节主要讲解该效果组中常用的调色效果。

- "Color Balance（RGB）"【颜色平衡（RGB)】效果：用于通过RGB值调节素材中的三原色（红色、绿色、蓝色）。
- "RGB曲线"效果：用于通过调整曲线的方式来修改素材的主通道和红、绿、蓝通道的颜色，以此改变素材的画面效果。它与"Lumetri颜色"面板的"曲线"栏中的"RGB曲线"功能相同。应用该效果前后的对比效果如图4-18所示。
- "RGB颜色校正器"效果：用于对素材的R、G、B 3个通道中的参数进行设置，以修改素材的颜色。应用该效果前后的对比效果如图4-19所示。

图 4-18　应用"RGB 曲线"效果前后的对比效果　　　图 4-19　应用"RGB 颜色校正器"效果前后的对比效果

- "三向颜色校正器"效果：用于对"阴影""中间调""高光"色轮的颜色进行调节，以调整色彩的平衡。应用该效果前后的对比效果如图4-20所示。
- "亮度曲线"效果：用于对素材的亮度进行调整，使暗部区域变亮，或使亮部区域变暗。应用该效果前后的对比效果如图4-21所示。

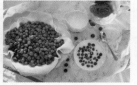　　

图 4-20　应用"三向颜色校正器"效果前后的对比效果　　　图 4-21　应用"亮度曲线"效果前后的对比效果

- "亮度校正器"效果：用于对素材的亮度进行校正。
- "保留颜色"效果：该效果可以选择一种需要保留的颜色范围，而将其他颜色的饱和度降低。应用该效果前后的对比效果如图4-22所示。
- "均衡"效果：用于改变素材的像素值并对其颜色进行平均化处理。应用该效果前后的对比效果如图4-23所示。

图4-22 应用"**保留颜色**"效果前后的对比效果　　　　图4-23 应用"**均衡**"效果前后的对比效果

- "快速颜色校正器"效果：用于使用色相、饱和度来对素材的色彩进行快速校正。应用该效果前后的对比效果如图4-24所示。
- "更改为颜色"效果：用于使用色相、饱和度和亮度将选择的颜色更改为另一种颜色，并且对一种颜色进行修改时，不会影响到其他颜色。应用该效果前后的对比效果如图4-25所示。

图4-24 应用"**快速颜色校正器**"效果前后的对比效果　　图4-25 应用"**更改为颜色**"效果前后的对比效果

- "更改颜色"效果：与"更改为颜色"效果相似，都可将素材中指定的一种颜色变为另一种颜色。但前者只能通过被改颜色的色相、明度和饱和度来进行调整，而后者则可以为被改颜色调整一个具体的颜色数值。
- "自动对比度"效果/"自动色阶"效果/"自动颜色"效果：这些效果用于自动调整素材的对比度、色阶和颜色。应用"自动颜色"效果前后的对比效果如图4-26所示。
- "通道混合器"效果（"过时"效果组）：用于对素材的红、绿、蓝通道之间的颜色进行调整，以改变素材的颜色；用于创建颜色特效，将彩色颜色转换为灰度或浅色等。应用该效果前后的对比效果如图4-27所示。

图4-26 应用"**自动颜色**"效果前后的对比效果　　　图4-27 应用"**通道混合器**"效果前后的对比效果

- "阴影/高光"效果：用于调整素材的阴影和高光部分。应用该效果前后的对比效果如图4-28所示。
- "颜色平衡（HLS）"效果：用于对素材的色相、明度、饱和度进行调整，以改变素材的颜色，达到色彩均衡的效果。应用该效果前后的对比效果如图4-29所示。

图 4-28　应用"阴影 / 高光"效果前后的对比效果　　　图 4-29　应用"颜色平衡（HLS）"效果前后的对比效果

3. "图像控制"效果组中的调色效果详解

"图像控制"效果组用于对素材进行色彩处理，以产生特殊的视觉效果，主要包含4个效果，如图4-30所示。

- "Color Pass"（颜色过滤）效果：用于将画面转换为灰度色，但被选中的色彩区域可以保持不变。应用该效果前后的对比效果如图4-31所示。

- "Color Replace"（颜色替换）效果：用于使用新的颜色替换掉在原素材中取样选中的颜色以及与取样颜色有一定相似度的颜色。应用该效果前后的对比效果如图4-32所示。

图 4-30　"图像控制"效果组

图 4-31　应用"Color Pass"效果前后的对比效果　　　图 4-32　应用"Color Replace"效果前后的对比效果

- "Gamma Correction"（灰度系数校正）效果：用于在不改变画面高亮区域和低亮区域的情况下，使画面变亮或者变暗。应用该效果前后的对比效果如图4-33所示。
- "黑白"效果：用于将彩色画面转换成灰度画面。应用该效果前后的对比效果如图4-34所示。

图 4-33　应用"Gamma Correction"效果前后的对比效果　　　图 4-34　应用"黑白"效果前后的对比效果

⟜ 资源链接

在调色过程中，可以使用"Lumetri 范围"面板中的矢量、直方图、分量和波形等示波器客观、高效地进行调色工作。扫描右侧的二维码，查看详细内容。

扫码看详情

4.1.3　抠像效果

在Premiere中，常见的抠像效果主要是通过键控效果来实现的。它主要是通过使用特定的颜色值或亮度值来对素材中的不透明区域进行自定义设置，使不同轨道上的素材合成到一个画面中。在Premiere的"效果"面板中依次展开"视频效果"/"键控"文件夹，就可以查看图4-35所示5种"键控"视频效果。

图4-35 "键控"视频效果

● "Alpha调整"效果：用于对包含Alpha通道的素材进行不透明度的调整，使当前素材与下方轨道上的素材产生叠加效果。应用该效果前后的对比效果如图4-36所示。

  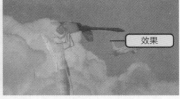

图4-36 应用"Alpha 调整"效果前后的对比效果

● "亮度键"效果：用于将素材中的较暗区域设置为透明，并保持素材颜色的色调和饱和度不变，可以有效去除素材中较暗的图像区域，适用于明暗对比强烈的图像。应用该效果前后的对比效果如图4-37所示。

图4-37 应用"亮度键"效果前后的对比效果

● "超级键"效果：用于指定一种特定或相似的颜色，将其遮盖素材，然后通过设置其透明度、高光、阴影等参数进行合成，也可以使用该效果修改素材中的色彩。应用该效果前后的对比效果如图4-38所示。

图4-38 应用"超级键"效果前后的对比效果

● "轨道遮罩键"效果：用于将图像中黑色区域部分设置为透明、白色区域部分设置为不透明。应用该效果前后的对比效果如图4-39所示。
● "颜色键"效果：用于将某种指定的颜色极其相似范围内的颜色变得透明，以显示其下方轨道上的内容。应用该效果前后的对比效果如图4-40所示。需要注意的是，"颜色键"效果的应用方式与"超级键"效果的应用方式基本相同，都是让指定的颜色变为透明，只是"颜色键"效果不能对素材进行颜色校正。

图4-39　应用"轨道遮罩键"效果前后的对比效果

图4-40　应用"颜色键"效果前后的对比效果

4.1.4　其他常见效果

Premiere Pro 2022中提供了上百种视频效果，除了前面所讲的过渡效果、调色效果和抠像效果外，还有很多其他常见效果，均分布在"效果"面板的"视频效果"文件夹中的各个效果组之间，如图4-41所示。由于视频效果较多，且篇幅有限，本小节只对"视频效果"文件夹中的部分常见效果组进行介绍。

1. "变换"效果组

"变换"效果组中的各种效果可以实现素材的翻转、羽化、裁剪等操作。该效果组一共包括5个效果。

- "垂直翻转"效果：用于将素材上下翻转。图4-42所示为应用该效果前后的对比效果。
- "水平翻转"效果：用于将素材左右翻转。图4-43所示为应用该效果前后的对比效果。

图4-41　"视频效果"文件夹

图4-42　应用"垂直翻转"效果前后的对比效果　　　**图4-43　应用"水平翻转"效果前后的对比效果**

- "羽化边缘"效果：用于虚化素材的边缘。
- "自动重构"效果：用于自动调整素材的比例，如可将横屏视频自动转换为竖屏视频，无须再手动调整，从而节约工作时间（选择"自动重构序列"菜单命令，可为素材自动添加"自动重构"效果）。

- "裁剪"效果：用于对素材上、下、左、右部分的画面进行裁剪。应用该效果后，在"效果控件"面板中的"裁剪"栏可设置素材左侧、顶部、右侧和底部的裁剪范围，以及图像边缘的虚化程度。

2. "扭曲"效果组

"扭曲"效果组主要是通过对图像进行几何扭曲变形来制作出各种画面变形效果。该效果组一共包括12个效果，但常用的主要有以下10个。

- "偏移"效果：用于根据设置的偏移量对画面进行位移。应用该效果前后的对比效果如图4-44所示。

- "变形稳定器"效果：用于自动分析需要稳定的视频素材，并对其进行稳定化处理，让视频画面看起来更加平稳。

- "变换"效果：用于综合设置素材的位置、尺寸、不透明度及倾斜度等参数。

- "放大"效果：用于将素材的某一区域放大，并调整放大区域的不透明度，羽化放大区域的边缘。应用该效果前后的对比效果如图4-45所示。

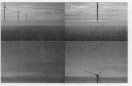 

图 4-44 应用"偏移"效果前后的对比效果　　图 4-45 应用"放大"效果前后的对比效果

- "旋转扭曲"效果：用于使素材产生沿中心轴旋转的效果。应用该效果前后的对比效果如图4-46所示。

- "波纹变形"效果：用于使素材产生类似于波纹的效果。在"效果控件"面板中可以设置波纹的形状、方向及宽度等参数。应用该效果前后的对比效果如图4-47所示。

图 4-46 应用"旋转扭曲"效果前后的对比效果　　图 4-47 应用"波纹变形"效果前后的对比效果

- "湍流置换"效果：用于使素材产生类似于波纹、信号和旗帜飘动等扭曲效果。应用该效果前后的对比效果如图4-48所示。

- "球面化"效果：用于使平面的画面产生球面效果。在"效果控件"面板的"球面化"栏中设置"半径"数值可以改变球面的半径，设置"球面中心"数值可以调整产生球面效果的中心位置。应用该效果前后的对比效果如图4-49所示。

图 4-48 应用"湍流置换"效果前后的对比效果　　图 4-49 应用"球面化"效果前后的对比效果

- "边角定位"效果：用于改变素材4个边角的坐标位置，使画面变形。应用该效果前后的对比效果如图4-50所示。
- "镜像"效果：用于将素材分割为两部分，并通过在"效果控件"面板中调整"反射角度"制作出镜像效果。应用该效果前后的对比效果如图4-51所示。

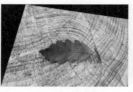

图 4-50 应用"边角定位"效果前后的对比效果　　　　图 4-51 应用"镜像"效果前后的对比效果

3. "杂色与颗粒"效果组

"杂色与颗粒"效果组中只包含"杂色"效果，可以制作出类似于噪点的效果。

4. "模糊与锐化"效果组

"模糊与锐化"效果组用于对画面进行锐化和模糊处理，还用于制作动画效果。该效果组一共包括6个效果。

- "Camera Blur"效果（"摄像机模糊"效果）：用于模拟出相机在拍摄时没有对准焦距所产生的模糊效果。应用该效果前后的对比效果如图4-52所示。
- "减少交错闪烁"效果：用于通过减少交错闪烁使画面产生模糊效果。
- "方向模糊"效果：用于在画面中添加具有方向性的模糊，使画面产生一种幻觉运动效果。应用该效果前后的对比效果如图4-53所示（以垂直方向为例）。

图 4-52 应用"Camera Blur"效果前后的对比效果　　　图 4-53 应用"方向模糊"效果前后的对比效果

- "钝化蒙版"效果：用于通过增加图像边缘色彩之间的对比度来提高图像锐度，使图像更清晰。应用该效果前后的对比效果如图4-54所示。
- "锐化"效果：用于通过增加相邻像素间的对比度使画面更清晰。与钝化蒙版不同的是，锐化是对整个画面进行锐化，而钝化蒙版是对要钝化画面的某部分进行钝化。
- "高斯模糊"效果：用于大幅度地、均匀地模糊图像并消除杂色，使其产生虚化的效果。应用该效果前后的对比效果如图4-55所示。

图 4-54 应用"钝化蒙版"效果前后的对比效果　　　图 4-55 应用"高斯模糊"效果前后的对比效果

5. "沉浸式视频"效果组

"沉浸式视频"效果组可以打造出虚拟现实的奇幻效果，常用于360°全景视频中。该效果组一共包括11个效果，但常用的主要有以下两个。

- "VR分形杂色"效果：用于为素材添加不同类型和布局的分形杂色，可制作云、烟、雾等特效。应用该效果前后的对比效果如图4-56所示。
- "VR发光"效果：用于为素材添加发光效果。应用该效果前后的对比效果如图4-57所示。

图 4-56　应用"VR 分形杂色"效果前后的对比效果　　　图 4-57　应用"VR 发光"效果前后的对比效果

6. "生成"效果组

"生成"效果组主要用于生成一些特殊效果。该效果组一共包括4个效果。

- "四色渐变"效果：用于在素材上创建具有4种颜色的渐变效果。应用该效果前后的对比效果如图4-58所示。
- "渐变"效果：用于在素材上创建线性渐变和径向渐变两种渐变效果。应用该效果前后的对比效果如图4-59所示（以线性渐变为例）。

图 4-58　应用"四色渐变"效果前后的对比效果　　　图 4-59　应用"渐变"效果前后的对比效果

- "镜头光晕"效果：用于模拟强光源（通常是风景摄影中的太阳）进入镜头时，散射到整个镜头上所产生的折射效果，可以使画面看上去更加唯美。应用该效果前后的对比效果如图4-60所示。
- "闪电"效果：用于在画面中生成闪电的动画效果。应用该效果前后的对比效果如图4-61所示。

图 4-60　应用"镜头光晕"效果前后的对比效果　　　图 4-61　应用"闪电"效果前后的对比效果

7. "过时"效果组

"过时"效果组中除了前面所讲的调色效果外，还有很多其他效果，如图4-62所示。这里主要讲解另外14个效果。

- "书写"效果：通过结合关键帧可以创建出笔触动画，通过调整笔触轨迹可以创建出需要的效果。应用该效果前后的对比效果如图4-63所示。
- "吸管填充"效果：用于通过从素材中选取一种颜色来填充画面。应用该效果前后的对比效果如图4-64所示。

图 4-62　"过时"效果组

图 4-63　应用"书写"效果前后的对比效果

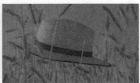

图 4-64　应用"吸管填充"效果前后的对比效果

- "复合模糊"效果：用于使用另一个图层（默认是本图层）的明亮度来模糊当前图层中的像素。应用该效果前后的对比效果如图4-65所示。
- "复合运算"效果：用于将两个重叠的素材的颜色相互混合。应用该效果前后的对比效果如图4-66所示。

图 4-65　应用"复合模糊"效果前后的对比效果

图 4-66　应用"复合运算"效果前后的对比效果

- "径向擦除"效果：用于在指定的位置沿顺时针或逆时针方向擦除素材，以显示下一个画面。应用该效果前后的对比效果如图4-67所示。
- "径向阴影"效果：用于为素材四周创建阴影，可以制作边框、描边效果。应用该效果前后的对比效果如图4-68所示。

图 4-67　应用"径向擦除"效果前后的对比效果

图 4-68　应用"径向阴影"效果前后的对比效果

- "斜面Alpha"效果：用于为素材创建具有倒角的边，使素材中的Alpha通道变亮，从而使其产生三维效果。应用该效果前后的对比效果如图4-69所示。

- "棋盘"效果：用于在画面中创建一个黑白的棋盘背景。应用该效果前后的对比效果如图4-70所示。

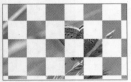

图 4-69　应用"斜面 Alpha"效果前后的对比效果　　　　图 4-70　应用"棋盘"效果前后的对比效果

- "油漆桶"效果：用于为画面中的某个区域着色或应用纯色。应用该效果前后的对比效果如图4-71所示。
- "混合"效果：用于通过不同的模式混合视频轨道上的素材，从而使画面产生变化。应用该效果前后的对比效果如图4-72所示。

图 4-71　应用"油漆桶"效果前后的对比效果　　　　图 4-72　应用"混合"效果前后的对比效果

- "百叶窗"效果：用于采用条纹的形式切换素材。应用该效果前后的对比效果如图4-73所示。
- "纯色合成"效果：能够基于所选的混合模式，将纯色覆盖在素材上。应用该效果前后的对比效果如图4-74所示。

图 4-73　应用"百叶窗"效果前后的对比效果　　　　图 4-74　应用"纯色合成"效果前后的对比效果

- "纹理"效果：用于将不同视频轨道上的素材纹理显示在指定的素材上。应用该效果前后的对比效果如图4-75所示。
- "网格"效果：用于在素材中创建网格，并将网格作为蒙版来使用。应用该效果前后的对比效果如图4-76所示。

图 4-75　应用"纹理"效果前后的对比效果　　　　图 4-76　应用"网格"效果前后的对比效果

8. "过渡"效果组

"过渡"效果组中的过渡效果与"视频过渡"效果组中的过渡效果在画面表现上类似，都用于设置两个素材之间的过渡切换方式。但前者是在自身素材上进行过渡，需使用关键帧才能完成操作，而后者是在前后两个素材间进行过渡。"过渡"效果组中包括3个效果。

● "块溶解"效果：用于通过随机产生的像素块溶解画面。

● "渐变擦除"效果：用于通过指定层（渐变效果层）与原图层（渐变层下方的图层）之间的亮度值来进行过渡。应用该效果前后的对比效果如图4-77所示。

● "线性擦除"效果：用于按照指定的方向逐渐擦除素材。应用该效果前后的对比效果如图4-78所示。

图4-77 应用"渐变擦除"效果前后的对比效果　　　图4-78 应用"线性擦除"效果前后的对比效果

9. "透视"效果组

"透视"效果组用于制作三维透视效果，可使素材产生立体效果，从而具有空间感。"透视"效果组中主要包括"基本3D"和"投影"两个效果。

● "基本3D"效果：用于旋转和倾斜素材，模拟素材在三维空间中的效果。应用该效果前后的对比效果如图4-79所示。

● "投影"效果：用于为带Alpha通道的素材添加投影，从而增强素材的立体感。应用该效果前后的对比效果如图4-80所示。

图4-79 应用"基本3D"效果前后的对比效果　　　图4-80 应用"投影"效果前后的对比效果

10. "风格化"效果组

"风格化"效果组用于对素材进行艺术处理，使素材效果更加美观、丰富。"风格化"效果中一共包括9个效果。

● "Alpha发光"效果：用于为带Alpha通道的素材边缘添加辉光效果。应用该效果前后的对比效果如图4-81所示。

● "Replica"效果（"复制"效果）：用于复制指定数目的素材，可以制作画面分屏效果。应用该效果前后的对比效果如图4-82所示。

图4-81 应用"Alpha发光"效果前后的对比效果　　　图4-82 应用"Replica"效果前后的对比效果

● "彩色浮雕"效果：用于锐化素材的轮廓，使素材产生彩色的浮雕效果。应用该效果前后的对比效果如图4-83所示。

- "查找边缘"效果：用于强化素材中物体的边缘，使素材产生类似于底片或铅笔素描的效果。应用该效果前后的对比效果如图4-84所示。

图 4-83　应用"彩色浮雕"效果前后的对比效果　　　　图 4-84　应用"查找边缘"效果前后的对比效果

- "画笔描边"效果：用于模拟美术画笔绘画的效果。应用该效果前后的对比效果如图4-85所示。
- "粗糙边缘"效果：用于使素材的Alpha通道边缘粗糙化。应用该效果前后的对比效果如图4-86所示。

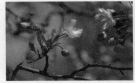 

图 4-85　应用"画笔描边"效果前后的对比效果　　　　图 4-86　应用"粗糙边缘"效果前后的对比效果

- "色调分离"效果：用于分离素材的色调，从而制作出特殊效果。应用该效果前后的对比效果如图4-87所示。
- "闪光灯"效果：用于以一定的周期或随机地创建闪光灯效果，可以模拟拍摄瞬间的强烈闪光特效。
- "马赛克"效果：用于在素材中添加马赛克，以遮盖素材。应用该效果前后的对比效果如图4-88所示。

图 4-87　应用"色调分离"效果前后的对比效果　　　　图 4-88　应用"马赛克"效果前后的对比效果

技能提升

　　除了各种预设的视频效果，Premiere还支持安装各种外部插件，如Beatedit（卡点）插件、Twixtor（变速）插件、ProDAD（防抖）插件、Primatte Keyer（抠图）插件、Beauty Box（磨皮美颜）插件等，用于对视频中的人像进行磨皮美颜，以及对视频进行调色、调速、抠图等，可以省去很多操作时间与步骤，从而提升工作效率。

　　请在互联网中搜索Premiere外部支持的插件相关知识，然后安装一些需要的外部插件，并将其运用到自己制作的视频中，充分发挥自身创造力并提高工作效率。

4.2
应用和编辑视频效果

了解了常用的视频效果后，就可以将"效果"面板中的视频效果应用到"时间轴"面板中的素材上。如果应用的视频效果不符合制作需求，还可在"效果控件"面板中对其进行编辑。

4.2.1 课堂案例——制作陶艺宣传视频

案例说明： 某学校准备开展陶艺体验课程，需要制作一个陶艺课程宣传视频，以引起学生对该课程的学习兴趣。要求在视频中添加一些文字体现视频主题，并在视频片段和文字之间添加视频过渡效果，使视频和文字的展现更加自然，参考效果如图4-89所示。

知识要点： 添加和编辑视频过渡效果。

素材位置： 素材\第4章\陶艺视频

效果位置： 效果\第4章\陶艺宣传视频.prproj

高清视频

图 4-89 参考效果

其具体操作步骤如下。

步骤 1 新建名称为"陶艺宣传视频"的项目文件，将"陶艺视频"文件夹中的视频素材全部导入"项目"面板中。

步骤 2 在"项目"面板中选择"1.mp4"视频素材，将其拖曳到"时间轴"面板中，然后按照视频名称顺序依次将其余4个视频素材拖曳到"时间轴"面板中，如图4-90所示。

步骤 3 预览视频，发现"2.mp4～5.mp4"视频素材显示不全，可在"效果控件"面板中调整这4个视频素材的缩放属性为"52"。

步骤 4 在"时间轴"面板中按住鼠标左键不放并拖曳鼠标，框选所有素材文件，按【Ctrl+R】组合键打开"剪辑速度/持续时间"对话框，设置速度为"400%"，勾选"波纹编辑，移动尾部剪辑"复选框，自动清除调整素材速度后留下的空隙，然后单击 确定 按钮。

步骤 5 打开"效果"面板，依次展开"视频过渡"/"溶解"文件夹，选择"白场过渡"过渡效果，将其拖曳至V1轨道的起始位置，使视频在开始播放时出现一种闪白效果，如图4-91所示。

步骤 6 在"时间轴"面板中选中添加的"白场过渡"过渡效果，打开"效果控件"面板，在其中设置持续时间为"00:00:02:00"，如图4-92所示。

步骤 7 在"效果"面板中单击"缩放"文件夹前面的三角形图标▶将其展开，将"交叉缩放"过

视频教学：
制作陶艺宣传视频

渡效果拖曳到"时间轴"面板中V1轨道上的第1个素材和第2个素材的中间（若弹出提示框可直接单击
确定 按钮），如图4-93所示。

图 4-90　基于素材新建序列

图 4-91　添加"白场过渡"过渡效果

图 4-92　调整过渡效果的持续时间

图 4-93　添加"交叉缩放"过渡效果

步骤 8　在"时间轴"面板中选中添加的"交叉缩放"过渡效果，打开"效果控件"面板，在其中
设置对齐为"起点切入"，如图4-94所示。

步骤 9　在"效果"面板中单击"擦除"文件夹前面的三角形图标▶将其展开，将"棋盘"过渡效
果拖曳到"时间轴"面板中V1轨道上的第2个素材和第3个素材的中间。

步骤 10　在"时间轴"面板中选中添加的"棋盘"过渡效果，打开"效果控件"面板，在其中设置
边框宽度为"10"、边框颜色为"#FFFFFF"，如图4-95所示。

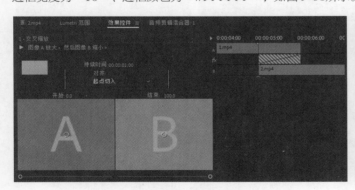

图 4-94　调整过渡效果的对齐方式

图 4-95　调整过渡效果的边框

步骤 11　在V1轨道上的第3个素材和第4个素材的中间添加"插入"过渡效果，在V1轨道上的第4
个素材和第5个素材的中间添加"划出"过渡效果。

步骤 12　将时间指示器移动到00:00:02:01处，选择"文字工具" T，在画面中间输入文字，调
整文字至合适大小和位置，效果如图4-96所示。

步骤 13　选择V2轨道上的文字，按住【Alt】键向右拖曳复制，然后修改复制的文字素材，并调整
文字素材的出入点与视频片段一致，如图4-97所示。

步骤 14　选择V2轨道上的所有文字素材，按【Ctrl+D】组合键在素材过渡间快速应用默认的过渡
效果（"交叉溶解"视频过渡效果），如图4-98所示。最后按【Ctrl+S】组合键保存文件。

图 4-96　调整文字大小和位置

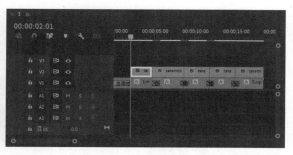

图 4-97　调整文字出入点

图 4-98　添加默认的视频过渡效果

提示

Premiere 中默认的视频过渡效果为"交叉溶解"，若需更改过渡效果，可以先在"效果"面板中选择需要的过渡效果，然后单击鼠标右键，在弹出的快捷菜单中选择"将所选过渡设置为默认过渡"命令。

疑难解答

应用视频过渡效果时，为什么有时候会弹出"媒体不足，此过渡将包含重复的帧"内容的提示框？

应用视频过渡效果时，Premiere 会自动计算两个视频的重叠部分，并且会将该部分作为过渡区域，若两个视频没有重叠部分，即素材左右两侧各有小三角时，也就无法计算，因此会出现该提示框。若单击提示框中的 ▢确定▢ 按钮，Premiere 会自动生成几张重复帧用作计算，对视频整体效果的影响不大 ；也可以将鼠标指针放在前一个素材末尾和后一个素材开头位置，拖曳鼠标并删掉重复的帧，当再次在这两个素材之间添加过渡效果时将不会弹出提示框。

4.2.2　视频过渡效果的基本操作

将需要应用的视频过渡效果拖曳至"时间轴"面板中素材的入点、出点或两个相邻素材之间，即可对素材应用该视频过渡效果。对素材应用视频过渡效果后，可在"时间轴"面板中将其选中，然后在"时间轴"面板或"效果控件"面板中进行编辑操作，包含调整其持续时间、对齐方式、边框和方向。

1. 调整视频过渡效果的持续时间

在"时间轴"面板中选择需要调整的视频过渡效果，然后通过"时间轴"面板、"效果控件"面板和命令3种方式来增加或缩短视频过渡效果的持续时间。

● 通过"时间轴"面板调整：选中视频过渡效果后，将鼠标指针放在过渡效果的左侧或右侧，当鼠标指针变为或形状时，按住鼠标左键进行拖曳可调整过渡时间，如图4-99所示。

● 通过"效果控件"面板调整：选中视频过渡效果后，在"效果控件"面板的"持续时间"数值框中可更改过渡效果的时间段，或者将鼠标指针放在该面板右上角时间线过渡效果的左侧或右侧，当鼠标指针变为█或█形状时，按住鼠标左键不放进行拖曳可增加或缩短持续时间，如图4-100所示。

图 4-99　在"时间轴"面板中调整　　　　　　　图 4-100　在"效果控件"面板中调整

● 通过命令调整：选中视频过渡效果后，单击鼠标右键，在弹出的快捷菜单中选择"设置过渡持续时间"命令，打开"设置过渡持续时间"对话框（或在"时间轴"面板中直接双击过渡效果），在该对话框的"持续时间"数值框中输入持续时间。

2. 调整视频过渡效果的对齐方式

默认情况下，Premiere中的视频过渡效果是以"中心切入"的方式进行对齐的，此时视频过渡效果在前一个素材中显示的部分与在后一个素材中显示的部分相同。如果需要调整视频过渡效果在前、后素材中的显示部分，可以通过以下两种方法完成。

● 通过"效果控件"面板调整：在"时间轴"面板中选择需要调整的视频过渡效果，在"效果控件"面板的"对齐"下拉列表框中选择不同的对齐方式；或将鼠标指针放在"效果控件"面板右上角时间线的视频过渡效果上，当鼠标指针变为█形状时，向左或向右拖曳鼠标，可移动视频过渡效果，如图4-101所示。

● 通过"时间轴"面板调整：在"时间轴"面板中选择需要调整的过渡效果，按住鼠标左键进行拖曳使其移动，如图4-102所示。

图 4-101　调整视频过渡效果的对齐方式　　　　图 4-102　拖曳调整视频过渡效果的对齐

3. 调整视频过渡效果的边框和反向

对于某些特殊过渡效果（如内滑效果组、划像效果组、擦除效果组）而言，除了可在"效果控件"面板中调整持续时间和对齐方式外，还可设置边框和反向，使其更符合制作需求。

（1）设置视频过渡效果的边框

若需过渡的两个素材极为相似，导致过渡效果不明显，此时可通过设置视频过渡效果的边框宽度和边框颜色进行突出。

● 设置视频过渡效果的边框宽度：将鼠标指针移动到"效果控件"面板中"边框宽度"右侧的数值上，当鼠标指针变为█形状时，按住鼠标左键向左拖曳可减少宽度、向右拖曳可增加宽度；或单击该数值，在激活的数值框中输入具体宽度的数值。

● 设置视频过渡效果的边框颜色：单击"效果控件"面板中"边框颜色"右侧的色块，在打开的"拾色器"面板中可设置边框颜色；或使用吸管工具 ，吸取当前画面中的颜色作为边框颜色。

（2）设置视频过渡效果的反向

默认情况下，视频过渡效果是从A到B进行过渡，即从第1个场景过渡到第2个场景，若需要从第2个场景过渡到第1个场景，可在"效果控件"面板中勾选"反向"复选框，对视频过渡效果进行反向设置。

4.2.3 课堂案例——制作水墨风格的旅游宣传视频

案例说明： 某古镇准备在旅游节来临之际制作一个具有中国传统风格的旅游宣传视频，投放在各大平台上以吸引消费者前来旅游。由于拍摄的视频色彩灰暗、效果不美观，不能达到宣传视频的素材要求，因此需要先对视频进行调色处理，增加画面中的亮度、对比度、饱和度等，然后利用键控类抠像效果制作出水墨效果，参考效果如图4-103所示。

知识要点： "Lumetri颜色" "颜色平衡" "键控" "轨道遮罩键" "渐变" "镜头光晕" 效果。

素材位置： 素材\第4章\旅游宣传视频素材

效果位置： 效果\第4章\水墨风格的旅游宣传视频.prproj

高清视频

图4-103 参考效果

设计素养

水墨是中国传统绘画艺术特有的一种表现形式，主要通过墨汁的浓淡来表现物体的远近、疏密。水墨风格是一种仿国画的风格效果，包括黑白和彩色。水墨风格的视频作品具有强烈的文人气息，可以给人一种安静幽远的意境。在制作水墨风格的视频时，尽量选择一些山水、花鸟、古镇等题材的素材，这样更能提升制作效果。

其具体操作步骤如下。

步骤 1 新建名称为"水墨风格的旅游宣传视频"的项目文件，将"旅游宣传视频素材"文件夹导入"项目"面板中。注意在导入PSD素材时，设置导入方式为"序列"。

步骤 2 在"项目"面板中双击"旅游宣传视频素材"文件夹，打开素材箱，将"古镇1.mp4"视频素材拖曳到"时间轴"面板中，取消链接，选择A1轨道上的音频素材，然后将其删除。

视频教学：
制作水墨风格的
旅游宣传视频

步骤 3 打开"效果"面板，依次展开"视频效果"/"颜色校正"文件夹，然后将其中的"Lumetri颜色"效果拖曳到"时间轴"面板中的视频素材上。

步骤 4 打开"效果控件"面板，依次展开"Lumetri颜色"/"基本校正"栏，修改其中的参数，如图4-104所示。在"节目"面板中预览素材，调色前后的对比效果如图4-105所示。

图 4-104　调整参数

图 4-105　调色前后的对比效果

步骤 5　由于视频中有绿色植物，因此可以为视频增加一点绿色，对视频素材应用"视频效果"文件夹中的"颜色平衡"调色效果，在"效果控件"面板中调整参数，如图4-106所示。在"节目"面板中预览素材，效果如图4-107所示。

步骤 6　在"项目"面板中打开"背景"素材箱，将其中的"背景"序列拖曳到V2轨道上，然后双击打开该序列，将"项目"面板中的"鸟.mp4"视频素材拖曳到"背景"序列中的V3轨道上，接着调整该素材的速度为"200%"，并调整V3轨道上视频素材的时长与其他两个轨道上的一致。

步骤 7　在"效果"面板中依次展开"视频效果"/"键控"栏，将其中的"颜色键"抠像效果拖曳到"鸟.mp4"视频素材上，在"效果控件"面板中展开"颜色键"栏，选择"主要颜色"选项右侧的吸管工具 ，在"节目"面板中"鸟.mp4"视频素材的白色区域内单击吸取白色，如图4-108所示。

图 4-106　调整颜色平衡　　　　图 4-107　预览效果　　　　图 4-108　吸取颜色

步骤 8　为了使"鸟.mp4"视频素材与背景素材更加契合，可在"效果控件"面板中展开"运动"栏，继续调整位置、缩放、不透明度属性，如图4-109所示。

步骤 9　返回"古镇1"序列，在"项目"面板中将"水墨素材.mp4"视频素材拖曳到"古镇1"序列中的V3轨道上，设置该素材的速度为"200%"，然后将该素材嵌套，嵌套名称保存默认。进入"嵌套序列01"序列，选择V3轨道上的素材，按住【Alt】键向下拖曳复制到V2轨道上，然后在"效果控件"面板中调整V3轨道上"水墨素材.mp4"视频素材的属性，如图4-110所示。

步骤 10　返回"古镇1"序列，选择"轨道遮罩键"效果，将其拖曳到V2轨道上的素材上，在"效果控件"面板中展开"轨道遮罩键"栏，选择遮罩为"视频3"、合成方式为"亮度遮罩"。

步骤 11　将"背景"序列插入"古镇1"序列中V1轨道最前面，然后在"节目"面板中输入文字，并调整文字大小和位置，再使用矩形工具 绘制矩形，并在"基本图形"面板的"外观"栏中设置矩形填充为"#FF0000"，在"节目"面板中查看效果如图4-111所示。

图4-109　调整素材属性（1）　　图4-110　调整素材属性（2）　　　　图4-111　查看效果

步骤 12 将"生成"视频效果文件夹中的"渐变"效果拖曳到文字素材上，在"效果控件"面板中展开"渐变"栏，设置结束颜色为"#FF0000"。

步骤 13 在"节目"面板中输入其他文字，效果如图4-112所示。

步骤 14 对文字素材应用两次"生成"文件夹中的"镜头光晕"效果，在"效果控件"面板中调整效果参数，效果如图4-113所示。

步骤 15 将时间指示器移动到00:00:05:28处，将"文字.png"素材拖曳到V3轨道素材的上方，调整该素材的缩放属性为"38"、位置属性为"333 564"。

步骤 16 在V2轨道开始处应用"叠加溶解"过渡效果，在V2轨道上的"背景"序列开始处和V4轨道上的素材开始处应用"交叉溶解"过渡效果，设置V2轨道上"背景"序列开始处过渡效果的持续时间为00:00:00:16。

步骤 17 将"中国风背景音乐.mp3"拖曳到A1轨道上。在00:00:09:23位置剪切所有素材，然后删除剪切后的后半段素材，如图4-114所示。最后按【Ctrl+S】组合键保存文件。

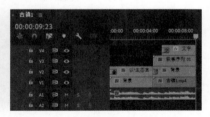

图4-112　输入其他文字　　　　　图4-113　调整效果参数　　　　图4-114　剪切并删除音频素材

4.2.4　课堂案例——制作毕业季纪念视频

案例说明： 毕业季即将到来，某老师准备将学生拍摄的毕业照片制作为一个具有纪念意义的毕业季纪念视频。为了提高视觉吸引力，需要对照片进行创意风格调色，比如调整为蓝色调、黑白色调等，然后利用一些视频效果制作出动画效果，参考效果如图4-115所示。

知识要点： "三向颜色校

高清视频

图4-115　参考效果

正器""裁剪""径向阴影""白场过渡""投影""线性擦除"效果。

素材位置： 素材\第4章\毕业季素材

效果位置： 效果\第4章\毕业季纪念视频.prproj

其具体操作步骤如下。

步骤 1 新建名称为"毕业季纪念视频"的项目文件，将"毕业季素材"文件夹导入"项目"面板中。

步骤 2 在"项目"面板中选择"背影.jpg"素材，并将其拖曳到"时间轴"面板中。将"效果"面板中的"三向颜色校正器"效果应用到V1轨道素材上，在"效果控件"面板中单击"阴影""中间调""高光"色轮的中心点，色轮上出现控制手柄，拖曳手柄调整颜色，如图4-116所示。

步骤 3 在"效果控件"面板中展开"运动"栏，调整该素材的缩放属性为"120"，然后单击位置属性前的"切换动画"按钮，调整位置属性为"778 540"，接着依次在00:00:00:06、00:00:00:15、00:00:00:23、00:00:01:07位置修改位置属性参数，将创建关键帧，如图4-117所示。

步骤 4 将时间指示器移动到00:00:01:07处，在V1轨道素材上单击鼠标右键，在弹出的快捷菜单中选择"添加帧定格"命令，素材被分为两段，此时将后一段视频复制到V2轨道上，如图4-118所示。

图 4-116 拖曳手柄调整颜色

图 4-117 创建关键帧

图 4-118 复制素材

步骤 5 选择V2轨道上的素材，在"效果控件"面板中单击激活的位置属性前的"切换动画"按钮，然后在弹出的警告框中单击 确定 按钮，清除所有关键帧，继续调整缩放属性为"100"、位置属性为"857.8 479.2"。

步骤 6 为V2轨道上的素材添加"裁剪"和"径向阴影"效果，在"效果控件"面板的"裁剪"栏和"径向阴影"栏中调整效果参数如图4-119所示。

步骤 7 在"效果控件"面板中调整位置属性为"800.8 390.2"、缩放属性为"149"，然后创建位置、缩放和旋转关键帧，将时间指示器移动到00:00:01:19处，修改这3个属性参数，如图4-120所示。

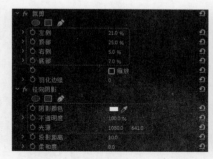
图 4-119 调整效果参数（1）

图 4-120 修改属性参数

步骤 8 对V1轨道上的第2个素材应用"白场过渡"效果、"Color Pass"效果和"高斯模糊"效果，在"效果控件"面板中设置"白场过渡"效果的持续时间为"00：00：00：10"，在"高斯模糊"栏中设置模糊度为"20"。

步骤 9 将时间指示器移动到视频开始位置，然后输入文字内容，设置文字字体分别为"汉仪雪君体简""方正正中黑简体"，接着调整文字至合适大小和位置，再为文字素材添加"投影"效果，效果如图4-121所示。

步骤 10 依次将"装饰素材1.png~装饰素材3.png"素材拖曳到"时间轴"面板中的V3、V4、V5轨道上，调整至合适大小和位置，然后将这3个素材嵌套，再为嵌套素材添加"投影"效果，效果如图4-122所示。

步骤 11 调整V2轨道上的文字素材和V3轨道上嵌套序列的出入点，效果如图4-123所示。

步骤 12 将V2和V3轨道上的文字素材和装饰素材嵌套，然后为嵌套序列添加"线性擦除"效果，在"效果控件"面板的"线性擦除"栏中调整过渡完成为"90%"、羽化为"100"、擦除角度为"-90.0"，并单击过渡完成属性前的"切换动画"按钮，将时间指示器移动到00：00：00：15处，调整过渡完成为"0%"，如图4-124所示。

步骤 13 将时间指示器移动到00：00：02：08处，调整V2轨道上第2个素材的出点为该处。

步骤 14 将"项目"面板中的"1.jpg"拖曳到V2轨道上，调整该素材的缩放属性为"18"，然后为该素材添加"裁剪"效果，在"效果控件"面板中调整参数如图4-125所示。

图 4-121 添加"投影"效果

图 4-122 添加素材和"投影"效果

图 4-123 调整嵌套序列的出入点

图 4-124 调整效果参数（2）

图 4-125 调整效果参数（3）

步骤 15 将"1.jpg"素材嵌套，并进入该嵌套序列，然后新建一个白色的颜色遮罩图层，将该图层拖曳到V1轨道上，接着对颜色遮罩图层应用"裁剪"效果，在"效果控件"面板中调整参数，使其作为"1.jpg"素材的边框，返回"背影"序列查看效果如图4-126所示。

步骤 16 选择V2轨道上的第2个素材，在"效果控件"面板中选择"运动"栏，按【Ctrl+C】组合键复制关键帧，选择V2轨道上的第3个素材，按【Ctrl+V】组合键粘贴关键帧。在00：00：02：08位置修改粘贴的位置属性为"904.8 514.2"、缩放属性为"171"；在00：00：02：20位置修改粘贴的位置属性为"896.8 553.2"、旋转属性为"-16"。

步骤 17 调整V2轨道上第3个素材的出点为00：00：03：13，将"项目"面板中的"2.jpg""3.jpg"素材拖曳到V2轨道上，使用与步骤14~步骤16相同的操作继续为"2.jpg""3.jpg"素材制作动画效果，查看效果如图4-127所示。

图 4-126　查看效果（1）　　　　　　　　　　　图 4-127　查看效果（2）

步骤 18　将时间指示器移动到00:00:01:07处，将"拍照音频.mp3"素材拖曳到A1轨道上的时间指示器位置，调整音频出点为00:00:02:00。选择A1轨道上的音频素材依次复制到00:00:02:08、00:00:03:13、00:00:04:21位置，如图4-128所示。最后按【Ctrl+S】组合键保存文件。

图 4-128　复制音频素材

4.2.5　设置视频效果关键帧

前面讲解了为素材属性设置关键帧，也可在"效果控件"面板中为视频效果（不包括视频过渡效果）设置关键帧，其操作方法与为素材属性设置关键帧的操作方法基本相同。

1. 添加关键帧

添加关键帧的方法为：在"时间轴"面板中选择添加了视频效果的素材，在"效果控件"面板中展开添加的视频效果栏，单击其中的"切换动画"按钮，使该按钮变为蓝色，呈激活状态，同时按钮右侧将激活图标，移动时间指示器，然后单击其中的"添加/移除关键帧"按钮（或修改效果参数），即可在"效果控件"面板右侧的时间线位置添加一个关键帧，同时该按钮变为，呈激活状态，如图4-129所示。

图 4-129　添加关键帧

2. 查看和选择关键帧

当"效果控件"面板中的某个效果属性包含多个关键帧时，可通过该属性栏右侧图标中的"跳转到上一关键帧"按钮和"跳转到下一关键帧"按钮查看关键帧的位置和参数。

选择关键帧的方法为：选择选择工具，直接在"效果控件"面板右侧的时间线位置单击所要选择的关键帧，即可选择单个关键帧（当关键帧显示为蓝色时，则表示该关键帧已被选中）；按住鼠标左键不放并拖曳鼠标框选出一个范围，释放鼠标左键后，在该范围内的多个相邻关键帧将全部被选中；按住【Shift】键或者【Ctrl】键，然后依次单击多个关键帧，即可选择多个不相邻关键帧。

3. 删除关键帧

对于不需要的关键帧可进行删除。其操作方法为：在"效果控件"面板右侧的时间线位置选择需要删除的关键帧，按【Delete】键即可删除该关键帧；或单击鼠标右键，在弹出的快捷菜单中选择"清除"命令，即可删除所选关键帧，选择"清除所有关键帧"命令，即可删除所有关键帧；或在"效果控件"面板右侧的时间线位置将时间指示器移动到需要删除的关键帧上（移动时可按住【Shift】键，让时间指示器吸附到该关键帧所在时间点），此时"添加/移除关键帧"按钮 被激活，单击该按钮也可删除该关键帧。

4. 复制和粘贴关键帧

在制作关键帧动画时，可能需要添加多个相同属性值的关键帧，此时就可以通过复制、粘贴命令为其设置相同的关键帧。

- 使用菜单命令复制和粘贴：选择需要复制的关键帧，然后选择【编辑】/【复制】命令或单击鼠标右键，接着选择"复制"命令，将时间指示器移动至新的位置，最后选择【编辑】/【粘贴】命令或单击鼠标右键，选择"粘贴"命令，即可将关键帧粘贴到新的时间指示器处。
- 使用【Alt】键复制和粘贴：选择需要复制的关键帧，按住【Alt】键，同时在该关键帧上按住鼠标左键不放向左或向右拖曳进行复制。释放鼠标左键后，该位置将会出现一个相同的关键帧。
- 使用快捷键复制和粘贴：选择需要复制的关键帧，按【Ctrl+C】组合键复制，将时间指示器移动到需要粘贴关键帧的位置，按【Ctrl+V】组合键粘贴。

> ⌂ **提示**
>
> 复制和粘贴素材属性关键帧时，可在"效果控件"面板中直接选择添加了关键帧的素材属性，按【Ctrl + C】组合键复制，然后在"时间轴"面板中选择需要粘贴关键帧的素材，按【Ctrl + V】组合键粘贴。

4.2.6 编辑视频效果

在"效果控件"面板中可以对视频效果进行复制、粘贴和删除等编辑操作。选择需要复制的视频效果（如果是多个视频效果，可选择其中一个后按住【Ctrl】键，再选择其他的），按【Ctrl+C】组合键复制视频效果或选择【编辑】/【复制】命令复制视频效果，然后在"时间轴"面板中选择需要应用相同视频效果的素材，按【Ctrl+V】组合键或选择【编辑】/【粘贴】命令粘贴视频效果。

如果添加的视频效果无法达到预期的效果，可以先在"效果控件"面板中选择该视频效果，然后单击鼠标右键，在弹出的快捷菜单中选择"清除"命令，也可以按【Delete】键或【Backspace】键直接删除。

除此之外，还可以在"时间轴"面板中选择需要删除视频效果的素材，然后单击鼠标右键，在弹出的快捷菜单中选择"删除属性"命令，打开"删除属性"对话框，如图4-130所示。在该对话框的"效果"栏中取消勾选需要删除的视频效果复选框，然后单击 确定 按钮。

图4-130 "删除属性"对话框

技能
提升

在视频后期制作过程中，为了节省重复添加相同视频效果的时间，提高工作效率，Premiere 支持对视频效果进行编辑后，根据实际需要将其存储为预设（是指预先设置好的效果文件）。

创建预设的方法为：将视频效果应用到素材中，并调整参数后，在"效果"面板中选择需要预设的一个或多个视频效果（按住【Ctrl】键可选择多个视频效果），单击鼠标右键，在弹出的快捷菜单中选择"保存预设"命令，打开"保存预设"对话框，在其中可以设置预设的名称、类型等参数。完成后，可在"效果"面板的"预设"文件夹中查看已经保存的预设。

请根据本小节所讲知识创建一个标题文字由小变大、由模糊变清晰的动画预设，并将其运用到自己制作的视频中。

4.3
课堂实训

4.3.1　制作电影感片头视频

1. 实训背景

某视频博主拍摄了一段关于城市发展历程的航拍视频，想要将其制作为一个具有电影感的片头视频，然后发布在社交平台上吸引更多粉丝。要求视频主题名称为"十年巨变"，然后添加一些影片上映时间、导演、制片人等信息，使电影感氛围更浓烈。

2. 实训思路

（1）分析视频画面。通过对素材进行分析，可发现拍摄的视频存在偏色、暗淡等问题，需要先将偏色的视频恢复为原本色调，然后调整画面的亮度、对比度等参数，以提升画面美观度。

高清视频

（2）添加视频效果和文字。为了突出视频主题，可利用"裁剪"视频效果制作出电影感开幕效果，然后添加主题文字，并通过抠像效果制作出镂空效果，使之与整个画面更加融合。

本实训的参考效果如图4-131所示。

图4-131　参考效果

素材位置： 素材\第4章\航拍视频.mp4

效果位置： 效果\第4章\电影感片头视频.prproj

3. 步骤提示

步骤 1 新建名称为"电影感片头视频"的项目文件，将"航拍视频.mp4"导入"项目"面板中，然后将其拖曳到"时间轴"面板中，调整视频出点为00:00:12:00。

步骤 2 选择V1轨道上的视频素材，依次将"Lumetri颜色"效果和"颜色平衡"效果拖曳到V1轨道的素材上，然后在"效果控件"面板中修改"Lumetri颜色"效果和"颜色平衡"效果中的参数。

步骤 3 将"裁剪"效果应用到V1轨道的素材上，将时间指示器移动到00:00:03:02处，在"效果控件"面板中激活"顶部"和"底部"关键帧，将时间指示器移动到00:00:07:02处，修改"顶部"和"底部"关键帧的参数。

步骤 4 在画面上方输入文字，并调整文字大小和位置，然后将文字嵌套。选择V1轨道上的视频素材，然后将其复制并粘贴到文字嵌套序列中的V1轨道上，调整复制视频出点为00:00:04:29。删除复制视频中的"裁剪"视频效果，添加"轨道遮罩键"效果，在"效果控件"面板中设置遮罩为"视频2"。

步骤 5 返回"航拍视频"序列，依次在00:00:07:18和00:00:08:13位置分别制作出影片上映时间相关文字的序列，以及导演、制片人等相关文字的序列。

步骤 6 在"时间轴"面板中为3个序列的入点均添加"叠加溶解"过渡效果，并修改持续时间为00:00:00:25，然后按【Ctrl+S】组合键保存文件。

4.3.2 制作水果店宣传广告

1. 实训背景

某水果店铺准备开业，需要制作一个宣传广告，发布在短视频平台上。现已拍摄了店铺中销量较高的水果视频，要求将其运用到宣传广告中，并为视频添加视频效果以提高美观度，再用文字强调视频主题。

2. 实训思路

（1）构思视频画面。为了突出店铺中水果种类丰富的特点，可以将拍摄的各种水果依次排列在画面中，同时明确视频内容。

（2）添加视频效果。为了提高画面的美观度，可考虑为视频添加一些调色视频效果。

（3）添加文字。为了突出视频主题，可考虑在视频中添加主题文字，并为文字添加视频过渡效果，使文字的出现不会显得突兀。

本实训的参考效果如图4-132所示。

图4-132 参考效果

素材位置： 素材\第4章\水果店视频.mp4、水果图标.png

效果位置： 效果\第4章\水果店宣传广告.prproj

3. 步骤提示

步骤 1 新建名称为"水果店宣传广告"的项目文件，将所有素材导入"项目"

面板中,然后双击视频素材,使其在"源"面板中打开。

步骤 2 在"源"面板中设置出点为00:00:07:17,然后创建名称为"梨"的子剪辑。使用相同的方法,依次根据视频内容创建"苹果""红提""橙子"子剪辑。

步骤 3 任意选择一个子剪辑,将其拖曳到"时间轴"面板中,然后将另外3个依次重叠排到V2~V4轨道上,调整所有素材出点均为00:00:06:00。

步骤 4 对V4轨道上的素材应用"线性擦除"视频效果,在"效果控件"面板中激活"过渡完成"关键帧。将时间指示器移动到00:00:01:05处,设置过渡完成参数为"75%"。

步骤 5 将"线性擦除"视频效果粘贴到V3和V2轨道上,调整参数分别为"48%"和"22%"。将4个子剪辑嵌套,为嵌套素材添加"四色渐变""镜头光晕""自动颜色""自动对比度"视频效果。

步骤 6 新建一个颜色为"#F0F0F0"的颜色遮罩图层,将时间指示器移动到00:00:01:15处,然后将颜色遮罩拖曳到V2轨道上的时间指示器位置。设置不透明度关键帧参数为"0%",在00:00:03:09处设置不透明度关键帧参数为"100%"。

步骤 7 将"水果图标.png"素材拖曳到V3轨道上的时间指示器位置,调整至合适大小和位置,然后在画面中输入文字。将V3轨道上的图片素材和V4轨道上的文字嵌套,并为嵌套序列添加"交叉溶解"视频过渡效果。调整V2和V3轨道上的素材出点均为00:00:06:00,然后按【Ctrl+S】组合键保存文件。

4.4 课后练习

练习 1 制作"美食指南"视频片头

美食节即将来临,某美食博主打算制作一个"美食指南"视频以吸引粉丝,提高曝光量和浏览量。现需要在Premiere中制作一个时长为10秒的视频片头,明确整个视频的风格,要求画面效果丰富、主题突出,参考效果如图4-133所示。

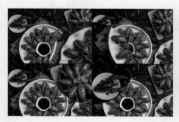

高清视频

图 4-133 参考效果

素材位置:素材\第4章\片头素材

效果位置： 效果\第4章\"美食指南"视频片头.prproj

练习 **2** 制作"茶叶"展示广告

某茶叶产品商家准备上新一款茶叶，需要制作一个茶叶展示广告。现已拍摄好视频素材，需要在Premiere中先剪辑视频素材，然后制作视频片头，再按照采茶、制茶、品茶的顺序排列其余视频素材，并需要在其中添加茶叶卖点文字，参考效果如图4-134所示。

素材位置： 素材\第4章\茶叶素材

效果位置： 效果\第4章\"茶叶"展示广告.prproj

高清视频

图4-134 参考效果

第 **5** 章　制作字幕与音频

　　字幕与音频是视频的重要组成部分，视频的标题、人物或场景的介绍、不同片段之间的衔接及结束语等都可以通过字幕来展示，而视频信息则可以通过音频直接表达或传递。字幕与音频共同承载着视频所要表达的思想和感情，因此在视频后期制作中发挥着重要的作用。

▌□ 学习目标

◎ 熟悉创建和编辑字幕的方法
◎ 掌握音频的处理操作

▌✧ 素养目标

◎ 培养使用字幕与音频准确表达画面情感、凸显画面主题的能力
◎ 积极探索背景音乐对视频氛围的影响

▌◈ 案例展示

小镇宣传片头动画

创建字幕

文字是信息传达最直观的方式。字幕以文字形式显示，泛指视频作品中后期加工的文字。Premiere不仅支持创建点文字和段落文字，还支持在"基本图形"面板中设置文字的各种属性，以及制作动画效果。

5.1.1　创建点文字和段落文字

点文字以鼠标左键单击点为参照位置。创建点文字时，每行文本的长度会增加或减少，但不会自动换行，而需要手动换行，比较适合少量文字的排版。段落文字的创建以文本框范围为参照位置。创建段落文字时，每行文字会根据文本框大小自动换行，比较适合大量文字的排版。

在Premiere的"节目"面板中创建这两种文字，需要先在"时间轴"面板中将播放指示器移动至要添加字幕的帧位置，然后在工具箱中选择文字工具██或垂直文字工具██。

1. 创建点文字

创建点文字的操作方法为：选择相应的文本工具后，在"节目"面板中任意位置单击鼠标左键，可直接输入点文字，如图5-1所示。完成后，按键盘上的【Ctrl+Enter】组合键（也可直接选择工具栏中的选择工具██）结束文字输入状态。需要注意的是，输入点文字时，按键盘上的【Enter】键将会手动换行。

2. 创建段落文字

创建段落文字的操作方法为：选择相应的文本工具后，在"节目"面板中单击鼠标左键并拖曳鼠标形成一个文本框，在文本框中即可输入段落文字，当一行排满后会自动跳转到下一行，如图5-2所示。完成后，使用和点文字相同的方法可结束文字输入状态。

结束段落文字的输入状态后，选择选择工具██，拖曳文本框四周的锚点，可使文字在调整后的文本框内重新排列，如图5-3所示。

图 5-1　输入点文字

图 5-2　输入段落文字

图 5-3　调整文本框内的文字

5.1.2　课堂案例——为"包粽子视频"添加语音识别字幕

案例说明：端午节即将到来，某美食博主为了增加粉丝量，拍摄了一段包粽子视频，并同步录制了一段包粽子过程中的讲解音频。现需要为拍摄的视频添加字幕，要求音频与字幕完全匹配。由于字幕比较多，为了提高制作速度，可考虑使用Premiere中的语言识别功能快速添加字幕，参考效果如图5-4所示。

高清视频

图 5-4　参考效果

设计素养

端午节与春节、清明节、中秋节并称中国四大传统节日。包粽子、吃粽子是端午节的传统民俗活动之一，在与端午节相关的视频中非常常见。除此之外，还可以选择赛龙舟、挂艾草与菖蒲、佩香囊等内容作为与端午节相关视频的主题。

知识要点： 自动转录文本。

素材位置： 素材\第5章\包粽子视频.mp4、包粽子音频.mp3

效果位置： 效果\第5章\包粽子视频.prproj

视频教学：为"包粽子视频"添加语音识别字幕

其具体操作步骤如下。

步骤 1　　新建名称为"包粽子视频"的项目文件，将需要的视频和音频素材导入"项目"面板中，然后将视频素材拖曳到"时间轴"面板中，调整其速度为"200%"。

步骤 2　将"包粽子音频.mp3"拖曳到A1音频轨道上，选择【窗口】/【文本】命令，打开"文本"面板，在"转录文本"选项卡中单击 创建转录 按钮，打开"创建转录文本"对话框，在"混合"下拉列表框中选择"音频1"选项，语言为"简体中文"，如图5-5所示，然后单击 转录 按钮。

步骤 3　此时Premiere开始转录。等待转录完成后，在"文本"面板的"转录文本"选项卡中可显示转录后的字幕，如图5-6所示。

图 5-5　创建转录文本

图 5-6　显示转录后的字幕

步骤 4　单击 [创建说明性字幕] 按钮，打开"创建字幕"对话框，保持默认设置，然后单击 [创建] 按钮，如图5-7所示。

步骤 5　此时创建的字幕自动添加到"时间轴"面板的C1副标题轨道上，如图5-8所示。

步骤 6　在"节目"面板中预览视频，发现"节目"面板中文字的出现与画面内容不一致，因此还需要对字幕内容进行编辑。

步骤 7　打开"文本"面板，在"字幕"选项卡中双击第1段字幕，然后在激活的文本框中修改文字内容，如图5-9所示（可根据画面内容来判断字幕内容是否正确）。

图 5-7　"创建字幕"对话框　　　图 5-8　C1 副标题轨道　　　图 5-9　修改第 1 段字幕

步骤 8　预览视频，将时间指示器移动到00:00:04:22处（第1段字幕内容所描述的结束位置），然后将第1段字幕的出点移动到时间指示器位置，使其与画面内容对应。

步骤 9　修改第2段字幕内容为"在圆锥状的筒中装入一层糯米"，修改第3段字幕内容为"一块腌好的五花肉和一个咸蛋黄"。

步骤 10　选择V1轨道上的视频素材，分别在00:00:08:22、00:00:11:13位置剪切视频素材，然后将中间段素材删除，再将前后两段视频紧密相连，接着将第3段字幕出点调整为00:00:12:09。

步骤 11　由于第4段字幕内容包含了下一个视频中的画面，因此需要对第4段字幕进行拆分。在"文本"面板中先修改第4段字幕内容，如图5-10所示。

步骤 12　在"文本"面板中单击"拆分字幕"按钮 ▨，此时字幕被分为两段，如图5-11所示。

步骤 13　将第4段字幕第2句话删除，将第5段字幕第1句话删除。选择V1轨道上的第2段视频素材，分别在00:00:14:17、00:00:16:13位置剪切视频素材，然后将中间段素材删除，再将前后两段视频紧密相连。

步骤 **14** 选择V1轨道上的第3段视频素材，在00:00:17:22位置剪切视频素材，然后将此时第3段视频素材的速度调整为"50%"、出点调整为00:00:25:07。

步骤 **15** 调整第4段字幕入点为00:00:12:15、出点为00:00:14:20；调整第5段字幕入点为00:00:14:20、出点为00:00:23:08。

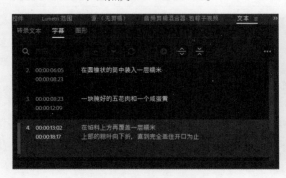

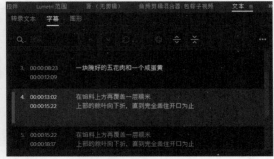

图 5-10　修改第 4 段字幕　　　　　　　　　　　　　　图 5-11　拆分字幕

步骤 **16** 在"文本"面板中修改第6段字幕内容，如图5-12所示。然后调整第6段字幕入点为00:00:23:08、出点为00:00:25:07。

步骤 **17** 修改第7段字幕内容为"用线绳将粽子捆绑结实即可"，然后调整第7段字幕入点为00:00:25:07、出点为00:00:28:23。

步骤 **18** 此时在"时间轴"面板中可看到视频、字幕、音频时长基本一致，如图5-13所示。

图 5-12　修改第 6 段字幕　　　　　　　　　　　　　　图 5-13　查看时长

步骤 **19** 在"节目"面板中预览最终效果，如图5-14所示。最后按【Ctrl+S】组合键保存文件。

图 5-14　最终效果

5.1.3　语音转录字幕

Premiere Pro 2022支持语音转文本功能，可以自动将包含音频的序列生成转录文本，然后将转录文本添加为字幕，从而提高大量字幕的制作速度。

1. 自动转录字幕

自动转录字幕时，可以先创建转录文本，然后对转录文本进行简单编辑。

（1）创建转录文本

在"时间轴"面板中添加包含音频的序列，在"文本"面板的"转录文本"选项卡中单击 创建转录 按钮（或在"字幕"选项卡中单击 转录序列 按钮），打开"创建转录文本"对话框，如图5-15所示。

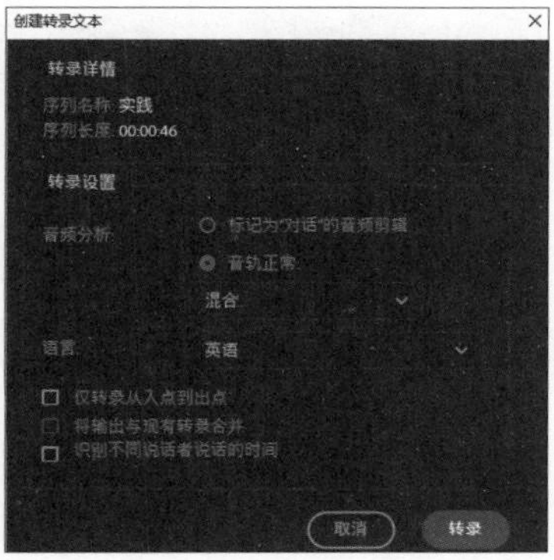

图5-15 "创建转录文本"对话框

- 音频分析：若在"基本声音"面板中设置了音频类型为"对话"，则可在该对话框中选中"标记为对话的音频剪辑"单选项以进行转录；若是普通音频，则可从特定音轨中选择音频并转录。

- "语言"下拉列表框：用于选择视频中的语言。

- "仅转录从入点到出点"复选框：如果音频中已标记入点和出点，勾选该复选框，则可以指定Premiere转录该范围内的音频。

- "将输出与现有转录合并"复选框：在特定入点和出点之间进行转录时，勾选该复选框，可以将自动转录文本插入现有文本中，并在现有转录文本和新转录文本之间建立连续性。

- "识别不同说话者说话的时间"复选框：如果音频中有多个说话者，勾选该复选框，可启用人声识别。

在"创建转录文本"对话框中设置完成后，单击 转录 按钮。Premiere 开始转录并在"文本"面板的"转录文本"选项卡中显示结果，如图5-16所示。双击字幕文本，可修改其中的文本。

图 5-16 显示字幕转录结果

（2）编辑发言者

单击左侧"未知"图标，在打开的下拉列表中选择"编辑发言者"选项，在"编辑发言者"对话框中单击 🖉 按钮，可以更改发言者的名称，如图5-17所示。若要添加新发言者，可单击 +添加发言者 按钮并更改名称，最后单击 保存 按钮。

图 5-17 更改发言者的名称

（3）查找和替换转录中的文本

在"转录文本"选项卡的左上角搜索框中输入搜索词，将会在转录文本中突出显示搜索词，如图5-18所示。然后单击"向上"按钮 ∧ 和"向下"按钮 ∨ 浏览搜索词的所有实例，接着单击"替换"按钮 ⟳ 并输入替换文本，此时会激活 替换 按钮和 全部替换 按钮。若要仅替换搜索词的选定实例，可单击 ⟳替换 按钮，若要替换搜索词的所有实例，可单击 全部替换 按钮，如图5-19所示。

（4）拆分和合并转录文本

在"转录文本"选项卡中单击"拆分区段"按钮 ⇔，可将所选文本在文本选中位置处分段；单击"合并区段"按钮 ≚，可将所选文本与其他文本合并为一段。

图 5-18 突出显示搜索词　　　　　　　　　图 5-19 替换搜索词的所有实例

2．添加字幕

转录文本完成后，可将其转换为"时间轴"面板中的字幕，并在轨道上对字幕进行编辑。其操作方法为：编辑转录文本后，在"转录文本"选项卡中单击 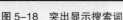 按钮，可打开"创建字幕"对话框，如图5-20所示。设置完成后，在"创建字幕"对话框中单击 创建 按钮，Premiere会创建字幕并将其添加到"时间轴"面板中的字幕轨道上，同时与音频中的语音节奏保持一致。

"创建字幕"对话框中部分选项介绍如下。

- "从序列转录创建"单选项：若需要使用序列转录创建字幕，可选中该单选项（默认选项）。
- "创建空白轨道"单选项：若需要手动添加字幕或将现有".srt"字幕文件导入"时间轴"面板中，可选中该单选项。
- "字幕预设"下拉列表框：保持默认的"字幕默认设置"选项。
- "格式"下拉列表框：保持默认的"字幕"选项。
- "样式"下拉列表框：若在"基本图形"面板中保存了文本样式，可在其中选择需要的样式。

图 5-20 "创建字幕"对话框

- 字幕的长度、持续时间和间隔：用于设置每行字幕文本的最大字符数和最短持续时间，以及字幕的间隔。
- 行数：用于设置字幕的行数。

3．编辑字幕

创建字幕后，可在"文本"面板的"字幕"选项卡中查看所有字幕，并可以使用与"转录文本"选项卡中相同的方法修改字幕文本、查找和替换文本、拆分和合并字幕等；单击"字幕"选项卡右侧的 按钮，在弹出的下拉菜单中可选择将字幕导出为不同格式的文件，如图5-21所示；选择字幕块，单击鼠标右键，在弹出的快捷菜单中可进行删除字幕、在不同位置新建空白字幕等操作，如图5-22所示。

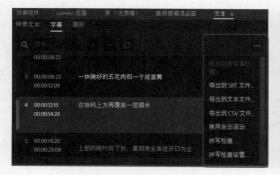

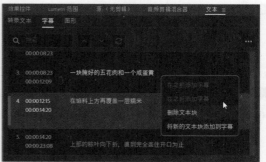

图 5-21 导出字幕　　　　　　　　　图 5-22 通过快捷菜单编辑字幕

5.1.4　手动添加字幕

在Premiere中除了可以将音频自动转录为文本，然后添加为字幕外，还可以选择手动添加字幕，主要有两种方式。

在序列较短、字幕内容不多或者不需要音频转录的情况下，可以选择添加空白字幕，然后手动输入文字。其操作方法为：在"文本"面板的"字幕"选项卡中单击 CC 创建新字幕轨 按钮，打开"新字幕轨道"对话框，如图5-23所示。在其中可以选择字幕轨道格式和样式（一般保持默认设置即可），然后单击 确定 按钮。在"文本"面板中单击"添加新字幕分段"按钮 可添加空白字幕，在"文本"面板或"节目"面板中双击"新建字幕"文字可输入字幕文本。若要继续添加字幕，可将时间指示器移动到需要添加新字幕的位置，继续单击"添加新字幕分段"按钮 添加空白字幕。

图 5-23　"新字幕轨道"对话框

技能提升

在Premiere中进行视频后期制作时，可能会遇到字幕很多，但又没有对应的音频文件的情况，如果手动输入字幕工作量将非常大，此时可将外部字幕文件（格式为SRT）直接导入Premiere中，快速添加字幕。

其操作方法为：将SRT字幕文件导入"项目"面板中，然后将其拖曳到序列中的任意位置，或在"文本"面板的"字幕"选项卡中单击 从文件导入可编辑字幕 按钮，打开"导入"对话框，在其中选择需导入的字幕文件，此时会自动打开"新字幕轨道"对话框，在其中确定字幕的起始点后单击 确定 按钮，Premiere会自动新建一个副标题字幕轨道，并将字幕放置在轨道上。

请结合本小节所讲知识和提供的素材（素材位置：素材\第5章\美食制作视频.mp4、美食制作字幕.srt），为视频快速添加字幕，参考效果如图5-24所示。

高清视频

图 5-24　参考效果

编辑字幕

Premiere的"基本图形"面板中提供了强大的字幕编辑功能，用户在其中既可以调整文字的字体、字体颜色和间距等属性，还可以设置文字样式，以及创建动态字幕，使字幕更加美观。

5.2.1 课堂案例——制作小镇宣传片头动画

案例说明： 某小镇为了吸引更多人前来旅游，准备制作一个宣传片头动画。现拍摄了一个风景视频，要求对该视频进行后期制作，在视频的开始和结尾分别制作一个文字出现和消失的动画效果，主题为"阳光温泉小镇"，参考效果如图5-25所示。

知识要点： 调整文字属性、制作动态字幕。

素材位置： 素材\第5章\风景视频.mp4

效果位置： 效果\第5章\小镇宣传片头动画.prproj

高清视频

图 5-25 参考效果

其具体操作步骤如下。

步骤 1 新建名称为"小镇宣传片头动画"的项目文件，将"风景视频.mp4"素材导入"项目"面板中，然后将其拖曳到"时间轴"面板中。

步骤 2 在"工具"面板中选择矩形工具█，在"节目"面板中绘制一个矩形，在"基本图形"面板中设置矩形的宽为"769.0"、高为"247.0"、填充为"#FFE101"，如图5-26所示。在"节目"面板中查看效果如图5-27所示。

步骤 3 在"工具"面板中选择文字工具█，在"节目"面板中单击鼠标左键定位文本插入点，输入文字"阳光温泉小镇"，在"基本图形"面板中设置文字字体、大小参数和颜色，如图5-28所示。

视频教学：制作小镇宣传片头动画

图 5-26 调整矩形参数　　　　图 5-27 查看效果（1）　　　　图 5-28 调整文字属性（1）

步骤 4 在"节目"面板中选择文字,然后将文字置于矩形中间。保持文字的选择状态,在"基本图形"面板中勾选"文本蒙版"复选框,如图5-29所示。

步骤 5 在"基本图形"面板中调整"切换动画的位置"参数为"607.1,787.9",然后单击"切换动画的位置"按钮■,使其处于激活状态■,如图5-30所示。

步骤 6 将时间指示器移动到00:00:01:05处,调整"切换动画的位置"参数为"607.1,638.9"。选择形状图层和文字图层,单击"水平对齐"按钮■,使其居中于视频画面,然后在图层窗格中单击鼠标右键,在弹出的快捷菜单中选择"创建组"命令,将选择的图层合并在一个组中,如图5-31所示。

图 5-29 添加文字蒙版(1)　　图 5-30 添加位置属性关键帧(1)　　图 5-31 创建图层组

步骤 7 再次绘制一个矩形,在"基本图形"面板中设置矩形的宽为"899.0"、高为"89"、填充为"#FFFFFF",在"节目"面板中查看效果如图5-32所示。

步骤 8 选择步骤7绘制的矩形,在"基本图形"面板的"对齐并变换"栏中单击"切换动画的不透明度"按钮■,使其处于激活状态■,并设置"切换动画的不透明度"参数为"0%",将时间指示器移动到00:00:02:02处,设置"切换动画的不透明度"参数为"100%",如图5-33所示。

步骤 9 使用文字工具■在白色矩形中输入文字"#旅行博主的生活实录#",在"基本图形"面板的"文本"栏中调整文字参数,如图5-34所示。

图 5-32 查看效果(2)　　图 5-33 添加不透明度属性关键帧　　图 5-34 调整文字属性(2)

步骤 10 在"基本图形"面板中选择文字图层和形状图层,按住鼠标左键不放向下拖曳到图层组下方,调整图层顺序,如图5-35所示。

步骤 11 在"基本图形"面板中选择"#旅行博主的生活实录#"文字图层,然后依次勾选"文本蒙版""反转"复选框,如图5-36所示。接下来制作文字的消失动画。

步骤 12 将时间指示器移动到00:00:04:04处,在"效果控件"面板中为"阳光温泉小镇"文字添加一个位置属性关键帧,位置属性的参数保持不变,如图5-37所示。

步骤 13 将时间指示器移动到00:00:04:18处,在"基本图形"面板中选择"阳光温泉小镇"文字图层,调整"切换动画的位置"参数为"607.1,406.9"。

步骤 14 对V2轨道上的素材应用"线性擦除"视频效果,在"基本图形"面板中将"线性擦除"效果图层移动到图层组下方,使其只作用于图层组下方的图层,如图5-38所示。

图5-35 调整图层顺序（1）

图5-36 添加文字蒙版（2）

图5-37 添加位置属性关键帧（2）

步骤 15 在"效果控件"面板中展开"线性擦除"栏，单击"过渡完成"选项前的"切换动画"按钮 ，设置羽化参数为"100"，将时间指示器移动到00:00:04:18处，设置过渡完成参数为"79%"。

步骤 16 在"节目"面板中预览动画消失效果，如图5-39所示。最后按【Ctrl+S】组合键保存文件。

图5-38 调整图层顺序（2）

图5-39 预览动画消失效果

5.2.2 调整文字属性

在"基本图形"面板中调整文字属性前，需要先在图层窗格中选中文本图层，然后在"文本"和"外观"栏中调整文字属性。

图5-40 图层窗格

在"基本图形"面板中单击"编辑"选项卡，可展示图层窗格，如图5-40所示。图层窗格与Photoshop中的图层相似，在Premiere的图层窗格中可以进行新建不同类型图层（单击"新建图层"按钮 ）、新建图层组（单击"创建组"按钮 ）、隐藏图层（单击图层前的 按钮）、修改图层名称（选中图层后单击图层名称）等操作，单击任意图层可将其选中。

1. "文本"栏

在图层窗格中选中文本图层后，在"文本"栏中可设置文字属性，包括字体、字体大小、字距等，如图5-41所示。

- 字体：用于设置文字的字体。
- 字体样式：用于设置字体的样式，如常规、斜体、粗体和细体。
- 字体大小：拖曳滑块可设置字体大小；也可直接输入字体大小的数值，数值越大，文字越大。
- 文本对齐方式：从左到右依次为左

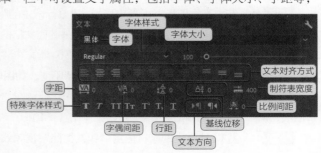
图5-41 "文本"栏

对齐文本、居中对齐文本、右对齐文本、最后一行左对齐、最后一行居中对齐、对齐、最后一行
右对齐、顶对齐文本、居中对齐文本垂直、底对齐文本。左对齐文本可以使段落文字右边缘强制对
齐；居中对齐文本可以使段落文字中间强制对齐；右对齐文本可以使段落文字左边缘强制对齐；最
后一行左对齐可以使段落最后一行文字左对齐，文字两端和文本框强制对齐；最后一行居中对齐可
以使段落最后一行居中对齐，其他行两端强制对齐；对齐可以使段落文字两端强制对齐；最后一行
右对齐可以使段落最后一行右对齐，其他行两端强制对齐；顶对齐文本可以使段落文字向文本框顶
部对齐；居中对齐文本垂直可以使段落文字在文本框中垂直居中对齐；底对齐文本可以使段落文字
向文本框底部对齐。

- 字距：用于设置所选字符的间距。
- 字偶间距：用于使用度量标准字偶间距或视觉字偶间距来自动微调文字的间距。
- 行距：用于设置文字的行间距。设置的值越大，行间距越大；数值越小，行间距越小。
- 基线位移：用于设置文字的基线位移量。输入正数值字符位置将往上移，输入负数值字符位置将往
下移。
- 制表符宽度：指按【Tab】键所占宽度。
- 特殊字体样式：从左向右依次为仿粗体、仿斜体、全部大写字母（用于将小写字母全部转化为大
写）、小型大写字母（用于将小写字母转化为小型大写）、上标、下标、下画线。
- 文本方向：用于设置段落文本从左到右或从右到左排列。
- 比例间距：用于以百分比的方式设置两个字符的间距。

2．"外观"栏

在"外观"栏中可调整文字外观属性，如文字填充颜色、描边颜色和宽度、背景、阴影、文字蒙版
（可使该文字图层以外的所有内容透明显示，并显示其下方的所有图层）。其操作方法较为简单，只需
勾选相应外观属性前的复选框，然后调整激活的相关参数即可。若单击"描边"或"阴影"选项后的 ⊞
按钮，还可为文字添加多个描边或阴影（添加后单击 ⊟ 按钮可将其移除），如图5-42所示。

另外，单击"外观"栏右侧的"图形属性"按钮 🔧，将打开"图形属性"对话框，如图5-43所示。
在其中可设置描边样式和背景样式。

图 5-42 添加描边

图 5-43 "图层属性"对话框

🔔 提示

除了可以在"基本图形"面板中设置文字属性外，也可以在"效果控件"面板的"图形"选项
中展开"文本"栏，在其中的"源文本"栏中设置文字的字体、颜色、描边、大小、间距参数。

5.2.3 设置文字样式

为了提高字幕创建效率，可以将文字的字体、颜色和字体大小等文本属性定义为样式，然后将其应用到项目的其他文本图层中。

1. 创建样式

其操作方法为：在图层窗格中选择文本图层，并根据对字体、大小和外观的需要设置样式属性，然后在"样式"下拉列表框中选择"创建样式"选项，如图5-44所示。在打开的"新建文本样式"对话框中命名文本样式，然后单击 确定 按钮，如图5-45所示。

2. 应用样式

创建样式后，该样式将显示在"基本图形"面板的"样式"下拉列表框中，同时样式缩览图也将添加到"项目"面板中，如图5-46所示。若将"样式"文件从"项目"面板中拖曳到"时间轴"面板中的图形文件上，将同时对该图形文件中的所有文本图层应用特定样式；若要删除样式，可直接在"项目"面板中删除样式缩览图。

图 5-44　选择"创建样式"选项

图 5-45　命名文本样式

图 5-46　在"项目"面板中查看文本样式

5.2.4 制作动态字幕

在Premiere中制作动态字幕主要有两种操作：一种是在"对齐与变换"栏中通过设置关键帧制作动态字幕；另一种是在"响应式设计-时间"栏中制作动态滚动字幕。

1. 在"对齐与变换"栏中制作动态字幕

在"对齐与变换"栏上方可通过对齐图层相关按钮快速调整图层内容，以实现图像间的精确移动。其中"垂直居中对齐"按钮和"水平居中对齐"按钮用于将图层对齐到视频帧，而其他按钮用于多个图层间的对齐与分布。

在"对齐与变换"栏内可以看到"切换动画的位置"按钮、"切换动画的锚点"按钮、"切换动画的比例"按钮、"切换动画的旋转"按钮和"切换动画的不透明度"按钮默认呈灰色显示，单击后将变为蓝色，表示已经激活。与"效果控件"面板中的"切换动画"按钮作用相同，可以设置属性关键帧。

制作动态字幕的操作方法为：在"基本图形"面板的图层窗格中选择需要添加关键帧的图层，在"对齐与变换"栏中单击属性按钮（这里以"切换动画的位置"按钮为例），如图5-47所示。激活该按钮后，将时间指示器移动到需要的位置，然后在激活的属性按钮后调整属性参数，即可制作完毕，如图5-48所示。

图 5-47 单击"切换动画的位置"按钮

图 5-48 调整位置参数

2. 在"响应式设计-时间"栏中制作动态字幕

选择"时间轴"面板中轨道上的图形文件（此时需确保在"基本图形"面板的图层窗格中未选中任何单个图层），"基本图形"面板的"编辑"选项卡中将会出现"响应式设计-时间"栏，如图5-49所示。勾选"滚动"复选框，即可创建垂直移动的动态字幕；再通过调整"响应式设计-时间"栏中激活的选项，即可编辑动态字幕。"响应式设计-时间"栏中部分选项介绍如下。

- "开场持续时间"/"结尾持续时间"数值框：在数值框中可设置剪辑的开始和结束位置，在"效果控件"面板中可看到这些时间范围内的关键帧被灰色部分覆盖（被固定），如图5-50所示。当图形剪辑整体的持续时间被拉长或缩短时，只会影响到没有被灰色部分覆盖到的区域，从而保证图形的开场和结尾动画不受影响。
- "滚动"复选框：勾选该复选框后，"节目"面板右侧会出现一个透明的蓝色滚动条，如图5-51所示。拖曳滚动条，即可预览滚动效果。

图 5-49 "响应式设计-时间"栏

图 5-50 关键帧被灰色部分覆盖

图 5-51 蓝色滚动条

- "启动屏幕外"复选框：勾选该复选框，可以使滚动或游动效果从屏幕外开始。
- "结束屏幕"复选框：勾选该复选框，可以使滚动或游动效果到屏幕外结束。
- "预卷"数值框：用于设置在动作开始之前使字幕静止不动的帧数。
- "过卷"数值框：用于设置文字在动作结束之后静止不动的帧数。
- "缓入"数值框：用于设置字幕滚动或游动的速度逐渐增加到正常播放速度。在该数值框中输入加速过渡的帧数，可让字幕的滚动速度慢慢加大。
- "缓出"数值框：用于设置字幕滚动或游动的速度逐渐减小直至静止不动。在该数值框中输入减速过程中的帧数，可让字幕的滚动速度慢慢减小。

技能提升

为了便于用户简单高效地创建动态字幕，Premiere中还提供了动态图形模板。该模板是一种可以在After Effects或Premiere中创建的文件类型，可被重复使用或分享。其操作方法为：在

"基本图形"面板中单击"浏览"选项卡,在"我的模板"选项卡中可以浏览Premiere提供的动态图形模板,同时也可导入外部的动态图形模板进行使用。

请扫描右侧的二维码,了解更多Premiere中动态图形模板的相关知识,然后将提供的动态图形模板素材(素材位置:素材\第5章\动画字幕条.mogrt)运用到自己制作的视频中。

扫码看详情

5.3 音频处理

人类能够听到的所有声音都可以称为音频。Premiere中提供了强大的音频处理功能,可在制作的视频中添加并编辑音频,从而丰富视频的视听效果,提升观众的观看体验。

5.3.1 课堂案例——制作学校课间下课铃声

视频教学:
制作学校课间下
课铃声

案例说明: 某小学需要制作一个下课专用铃声。现已在网上下载了一段欢快的纯音频和录制了一段人声提示音频,要求将两段音频混合在一起,并且在人声出现时纯音频减弱,总铃声时长为20秒。

知识要点: 音频混合器、音频过渡效果的应用。

素材位置: 素材\第5章\背景音乐.mp3、人声.mp3

效果位置: 效果\第5章\学校课间下课铃声.prproj

其具体操作步骤如下。

步骤 1 新建名称为"学校课间下课铃声"的项目文件,将音频素材全部导入"项目"面板中,双击"背景音乐.mp3"音频素材,在"源"面板中将其打开。

步骤 2 在"源"面板中将播放指示器移动到00:00:20:00处,按【O】键标记出点,然后将"项目"面板中的"背景音乐.mp3"音频素材拖曳到"时间轴"面板中,以保证最终时长为20秒。

步骤 3 在"时间轴"面板中将时间指示器移动到00:00:02:00处,将"人声.mp3"拖曳到A2轨道上的时间指示器位置,如图5-52所示。

步骤 4 由于纯音频音量非常大,在试听音频时发现听不清人声。将时间指示器移动到音频开始位置,选择A1轨道上的音频,打开"音频剪辑混合器"面板,向下拖曳"音频1"选项中的音量调节滑块(或者直接在滑块下方输入具体数值"-1.0"),单击"写关键帧"按钮 ,如图5-53所示。

步骤 5 在"时间轴"面板中将时间指示器移动到00:00:02:00处,使用相同的方法在"音频剪辑混合器"面板中设置A1轨道上的音频音量为"-19.0"。

步骤 6 在"时间轴"面板中将时间指示器移动到00:00:04:21处,在"效果控件"面板中展开"音量"栏,在"级别"栏中单击"添加/移除关键帧"按钮 添加关键帧,如图5-54所示。

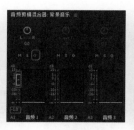

图 5-52　拖曳素材　　　　　　图 5-53　调整音量　　　　　　图 5-54　添加关键帧

步骤 7 将时间指示器移动到音频结束位置，在"效果控件"面板的"级别"栏中设置级别参数为"-1.0"。

步骤 8 试听音频，可发现人声音频音量较小。选择A2轨道上的音频素材，在"效果控件"面板的"级别"栏中设置级别参数为"1.5"。

步骤 9 试听音频，可发现音频的结束较为突兀，因此需要使音频之间的衔接更加柔和、自然。在"效果"面板中展开"音频过渡"文件夹，选择"交叉淡化"文件夹中的"恒定功率"效果，将其添加至A1轨道中音频素材的结束位置。最后按【Ctrl+S】组合键保存文件。

5.3.2 认识音频控制面板

音频控制面板主要包括"音轨混合器"面板与"音频剪辑混合器"面板，这两个面板中的音轨混合器与音频剪辑混合器是Premiere中专用于音频处理的工具。

1. 音轨混合器

选择【窗口】/【音轨混合器】命令可打开"音轨混合器"面板，如图5-55所示。通过音轨混合器中的"显示/隐藏效果与发送"可为音频轨道添加各种音频特效；通过"左/右平衡"旋钮组可控制单声道轨道的级别；在"自动模式"下拉列表中可选择不同的音频控制方法；通过"音量调节滑块"可调整各声道的音量；通过"播放控制栏"可控制音频的播放状态。

2. 音频剪辑混合器

选择【窗口】/【音频剪辑混合器】命令可打开"音频剪辑混合器"面板，如图5-56所示。其中每条轨道都与"时间轴"面板中的音频轨道相对应，但没有混合音频轨道。在音频剪辑混合器中不仅可以通过音量调节滑块调整音频音量，还可以利用"写关键帧"按钮 对调节过程进行自动记录，使音量产生动态的变化效果。需要注意的是，在音频剪辑混合器中调整的音量参数和关键帧将自动同步到"效果控件"面板的"级别"栏中。

疑难解答

在制作音频时，如何选择合适的音频控制面板？

一般"音频剪辑混合器"面板作用于选定的音频素材上，而"音轨混合器"面板作用于所选音频轨道的所有音频素材上，可分轨道调整每条音轨的音量和添加音效，常用于制作各种混音效果。因此，大家可根据自身需求进行选择。

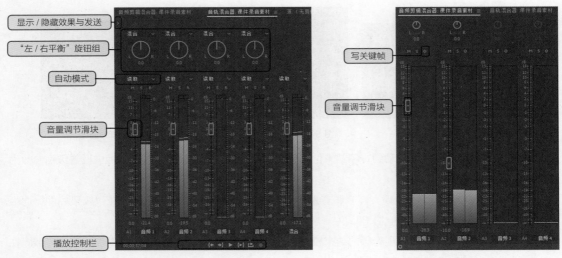

显示 / 隐藏效果与发送

"左 / 右平衡"旋钮组

自动模式

音量调节滑块

播放控制栏

图 5-55　"音轨混合器"面板

写关键帧

音量调节滑块

图 5-56　"音频剪辑混合器"面板

5.3.3　调节音频音量

在Premiere中，调节音频音量的方法有多种。比如前面讲解过可通过"音频剪辑混合器"面板和"音轨剪辑混合器"面板来调节音量，这里主要讲解在"时间轴"面板和"效果控件"面板中调节音量的方法。

1．在"时间轴"面板中调节音量

添加音频素材后，按住【Alt】键，使用鼠标滚轮在"时间轴"面板中放大音频轨道，单击音频轨道中的"显示关键帧"按钮█，在弹出的下拉列表中选择【轨道关键帧】/【音量】命令，轨道中将会出现一条白线，使用选择工具▶向上拖曳白线可升高音量、向下拖曳白线可降低音量，如图5-57所示。

2．在"效果控件"面板中调节音量

在"时间轴"面板中选择音频素材后，在"效果控件"面板中展开"音频"效果属性中的"音量"栏，可通过设置"级别"参数值来调节所选音频素材的音量大小，如图5-58所示。

图 5-57　在"时间轴"面板中调节音量

图 5-58　在"效果控件"面板中调节音量

5.3.4　运用"基本声音"面板

"基本声音"面板提供了混合音频技术和修复音频的一整套工具集，适用于常见的音频混合任务，

如快速统一多段音频音量、修复声音、提高清晰度以及添加特殊效果等，从而使音频快速达到专业音频工程师混音的效果。打开"基本声音"面板的操作方法为：切换到"音频"工作模式后，在工作界面右侧可直接看到"基本声音"面板；或者选择【窗口】/【基本声音】命令。

在"基本声音"面板（见图5-59）中，Premiere将音频分为"对话""音乐""SFX""环境"4种类型。在"基本声音"面板的"预设"下拉列表框中即可选择4种不同音频类型的多种预设效果，也可以在选择一种类型后，在该类型的选项中选择预设效果。需要注意的是，"基本声音"面板中的音频类型是互斥的。也就是说，为某个音频选择

图 5-59 "基本声音"面板

一个音频类型后，需要单击 清除音频类型 按钮，还原对该音频所做的调整，才能继续使用另一个音频类型。

🔗 资源链接

除了以上的简单介绍外，"基本声音"面板中的各部分在 Premiere 中还有更多介绍。扫描右侧的二维码，查看详细内容。

扫码看详情

5.3.5 应用音频过渡和特效

与视频轨道一样，在音频轨道中也可以通过"效果"面板中的"音频过渡"和"音频效果"文件夹为音频添加过渡和特效，以增加音频的多样性。

1. 应用"音频过渡"

在"效果"面板中展开"音频过渡"文件夹，可在展开的列表中看到"交叉淡化"效果组。该效果组用于制作两个音频素材间的流畅切换效果，可放在音频素材之前创建音频淡入的效果，或放在音频素材之后创建音频淡出的效果。该效果组中一共包含了3个过渡效果。

- "恒定功率"效果：默认的音频过渡效果，用于使音频产生类似于淡入和淡出的效果，没有任何参数。
- "恒定增益"效果：用于创建精确的淡入和淡出效果，没有任何参数。
- "指数淡化"效果：用于创建不对称的交叉指数型曲线来进行声音的淡入和淡出，没有任何参数。

2. 应用"音频效果"

为音频添加特效的应用方法与应用视频效果的方法类似。在"效果"面板中展开"音频效果"文件夹，将其中的音频特效拖曳到音频轨道上需要应用效果的音频素材上。添加音频特效后，可以采用与编辑视频效果相同的方法来编辑音频效果，如使用关键帧控制效果、设置特效的参数等。Premiere中提供了多个音频特效，这里主要介绍常用的8个特效。

- "延迟"效果：可将原声推迟一个时间后再叠加到原声上，常用于制作回声音效。
- "低音"效果：通过降低音频中的低声部，突出音频的低音效果，让整个音频更有层次感。
- "参数均衡器"效果：将音频分为7段频率（包括上限、中区5个、下限），可在频谱坐标中进行精细调整，以增加或减少中心频率附近的音频频率。

- "高音"效果：用于调整音频中的高频部分，使音频变得更加高亢、嘹亮。
- "降噪"效果：用于对各种噪声进行降低或消除处理。
- "减少混响"效果：用于对各种混响进行降低或消除处理。
- "室内混响"效果：用于模拟类似于房间内的音频播放的效果，以营造出空间感。
- "音高换挡器"效果：用于制作音频变速不变调的效果，常用来制作人声变声音效。

5.4 课堂实训

5.4.1 制作"牛肉卷"宣传视频

1. 实训背景

某商家为提高自家"牛肉卷"产品销量，准备制作一个"牛肉卷"宣传视频。现已拍摄好了一个带有原始解说音频的视频素材，要求在Premiere中根据音频内容为视频添加匹配的字幕，并且对视频中的音频进行变声处理。

2. 实训思路

（1）语音识别字幕。为了快速匹配字幕与视频画面，可先使用语音识别功能将视频中的音频转录为文本，然后添加到视频中作为字幕。在转录文本后，若发现转录后的文本错别字多，可先修改文本中的错别字，然后将转录的文本添加到视频中，并调整字幕的分段，使视频画面与字幕相匹配。

高清视频

（2）添加卖点文字。为了提高产品销量，还可以在视频片头添加与产品卖点相关的文字，并为文字添加一些图形，以增强文字的显示效果和提高画面的美观度。

（3）变声音频。可通过"音高换挡器"音频效果为视频制作变声特效。

本实训的参考效果如图5-60所示。

素材位置：素材\第5章\牛肉卷视频.mp4

效果位置：效果\第5章\"牛肉卷"宣传视频.prproj

图5-60 参考效果

3. 步骤提示

步骤 1 新建名称为"'牛肉卷'产品视频"的项目文件，将"牛肉卷视频.mp4"素材文件导入"项目"面板中，并将其拖曳到"时间轴"面板中，然后自动转录"音频1"音频文件。

步骤 2 在"文本"面板的"转录文本"选项卡中修改转录后的文字，然后单击 `创建说明性字幕` 按钮创建说明性字幕。通过拆分和合并字幕，修改字幕的入点和出点，为每段字幕都匹配不同的视频画面。

步骤 3 选择所有字幕，在"基本图形"面板中设置字幕的文本属性。

步骤 4 将时间指示器移动到00：00：02：04处，在画面中心绘制矩形框，然后在矩形内输入并编辑文字，再为V2轨道上的素材添加"内滑"视频过渡效果。

步骤 5 为A1轨道上的音频添加"音高换挡器"音频效果，在"效果控件"面板中调整参数。调整V2轨道上的素材出点为00：00：05：01，然后按【Ctrl+S】组合键保存文件。

视频教学：
制作"牛肉卷"
宣传视频

5.4.2 制作电影感片尾字幕

1. 实训背景

某博主拍摄了一段视频，想要将其制作为一个具有电影感的片尾字幕。要求视频整体时长在15秒以内，动画效果平缓，电影感氛围浓烈。

2. 实训思路

（1）分析视频素材。由于只提供了一段视频素材，根据视频内容，可将该素材作为整个栏目包装的背景，然后利用"裁剪"视频效果制作出电影落幕效果，同时预留出文字的位置。

（2）添加片尾字幕。为了让画面排版更加饱满，可在视频下方添加竖版字幕，再利用位置属性关键帧制作出字幕从左向右出现的动画效果。

（3）添加背景音乐。为了丰富视频，可为视频添加背景音乐，调整音频音量至合适大小，并且为音频添加过渡效果，让音频结尾显得更自然。

本实训的参考效果如图5-61所示。

高清视频

图 5-61 参考效果

素材位置： 素材\第5章\新闻音乐.mp3、城市.mp4、片尾文字.txt

效果位置： 效果\第5章\电影感片尾字幕.prproj

3. 步骤提示

步骤 1 新建名称为"电影感片尾字幕"的项目文件，将音频素材和视频素材导入"项目"面板中，并将视频素材拖曳到"时间轴"面板中，然后调整视频速度为"200%"。

视频教学：
制作电影感片尾
字幕

步骤 2 将"裁剪"视频效果应用到视频素材中，在"效果控件"面板中激活顶部和底部关键帧，将时间指示器移动到00:00:04:00处，设置顶部和底部参数分别为"9%"和"43%"。

步骤 3 选择"垂直文字工具" ，在"节目"面板下方单击鼠标左键创建点文字，将"片尾文字.txt"素材中的文字粘贴到该处，然后在"基本图形"面板中调整文本属性。

步骤 4 调整V2轨道上文字出点与视频出点一致，然后在"节目"面板中将文字向左移出画面，在"效果控件"面板中激活位置属性关键帧，将时间指示器移动到视频结尾，调整位置属性参数为"7269 1080"。

步骤 5 在A1轨道上添加音频，调整时长与视频一致，在"效果控件"面板中调整级别为"-4.4"降低音量，然后在音频结尾添加"指数淡化"音频过渡效果，按【Ctrl+S】组合键保存文件。

5.5 课后练习

练习 1 制作蜜瓜主图视频

某电商卖家为了提高自家蜜瓜产品销量，在采摘地拍摄了一个主播现场采摘蜜瓜的视频。现需要将其制作为一个主图视频，便于发布在淘宝店铺中。要求将视频中主播在现场说的语音作为视频中的字幕，同时添加一些卖点文字，参考效果如图5-62所示。

高清视频

图5-62　参考效果

素材位置：素材\第5章\水果视频.mp4
效果位置：效果\第5章\蜜瓜主图视频.prproj

练习 2 制作动态字幕片尾

某博主准备在视频片尾制作一个滚动字幕效果，要求画面美观、动画效果自然，并且在视频中添加音乐，营造出轻松愉快的氛围，参考效果如图5-63所示。

高清视频

图 5-63 参考效果

素材位置： 素材\第5章\视频片尾字幕素材
效果位置： 效果\第5章\动态字幕片尾.prproj

第6章

After Effects的基本操作

在前面的章节中介绍了Premiere的相关知识，但视频后期制作是一项较为复杂的工作，某些需要制作特效、进行三维合成的作品还需要使用到After Effects。在制作前，必须先掌握After Effects（简称"AE"）的基本操作，从而为视频的后期制作打下基础。

▌📖学习目标

　　◎ 掌握After Effects中文件的基本操作方法
　　◎ 掌握After Effects中图层的基本操作方法

▌◇素养目标

　　◎ 加深对After Effects的整体认识
　　◎ 激发对After Effects的学习兴趣

▌◈案例展示

"大雪"节气宣传视频

文件的基本操作

启动AE后，还需要通过新建项目文件和合成文件、导入素材等基本操作才能开始视频的后期制作。

6.1.1　新建项目文件

项目文件包括了整个项目中所有引用的素材以及合成文件，一个项目文件中可以包括一个或多个合成文件。新建项目文件是AE中最基本的操作之一。新建项目文件的操作方法比较简单，主要有两种：一种是启动AE，在"主页"界面中单击 新建项目... 按钮；另一种是在已经打开AE的情况下，在AE的工作界面中选择【文件】/【新建】/【新建项目】命令，或按【Ctrl + Alt + N】组合键。

6.1.2　新建合成文件

合成文件可以看作一个组合素材、特效的容器。AE中的大部分工作都是在合成中完成的。新建合成文件的方法主要有以下两种。

1. 新建空白合成文件

空白合成文件中没有任何内容，需要用户自行添加素材。新建空白合成文件前需要打开"合成设置"对话框，其操作方法主要有以下3种。

- 通过"合成"面板新建：新建项目文件后，可直接在"合成"面板中选择"新建合成"选项。
- 通过菜单命令新建：选择【合成】/【新建合成】命令，或按【Ctrl + N】组合键。
- 通过"项目"面板新建：在"项目"面板空白处单击鼠标右键，在弹出的快捷菜单中选择"新建合成"命令，或单击"项目"面板底部的"新建合成"按钮 。

打开"合成设置"对话框（见图6-1）后，可对其中的部分选项进行设置。

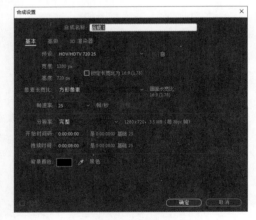

图6-1　"合成设置"对话框

- "合成名称"文本框：用于命名合成，尽量不使用默认名称，否则不便于文件的管理。
- "预设"下拉列表框：该下拉列表框中包含了AE预留的大量预设类型，选择其中某种预设后，将自动定义文件的宽度、高度、像素长宽比等，或选择"自定义"选项，自定义合成文件属性。
- 宽度、高度：用于设置合成文件的宽度和高度。若勾选"锁定长宽比为16∶9"复选框，宽度和高度会同时发生变化。
- "像素长宽比"下拉列表框：根据素材需要自行选择，默认选择"方形像素"选项。

- "帧速率"数值框：用于设置帧速率。帧速率越高，画面越精致，但所占存储空间也越大。
- "开始时间码"数值框：用于设置合成文件播放时的开始时间。默认为0帧。
- "持续时间"数值框：用于设置合成文件播放的具体时长。
- "背景颜色"数值框：用于设置合成文件的背景颜色。默认为黑色。

2. 基于素材新建合成文件

每个素材都有自身的属性，如宽度、高度、像素长宽比等，可以根据素材的属性建立对应的合成文件。基于素材新建合成文件的方法主要有以下3种。

- 通过按钮新建：新建项目文件后，可直接在"合成"面板中单击"从素材新建合成"按钮，打开"导入文件"对话框，选择需要的素材文件，单击 导入 按钮，AE将会根据素材属性自动创建相同属性的合成文件，素材将以图层形式出现在"合成"面板中，合成名称为素材名称。
- 通过菜单命令新建：在"项目"面板中选择需要的素材，单击鼠标右键，在弹出的快捷菜单中选择"基于所选项新建合成"命令。
- 通过拖曳操作新建：在"项目"面板中选择需要的素材，将其拖曳至"项目"面板底部的"新建合成"按钮 ▣ 上并释放鼠标左键，或将选择的素材直接拖曳到"时间轴"面板或"合成"面板中。

需要注意的是，若选择两个及两个以上的素材新建合成文件，将打开"基于所选项新建合成"对话框，如图6-2所示。合成文件新建完成后，"时间轴"面板中所显示的素材图层堆叠顺序将取决于选择素材时的顺序。

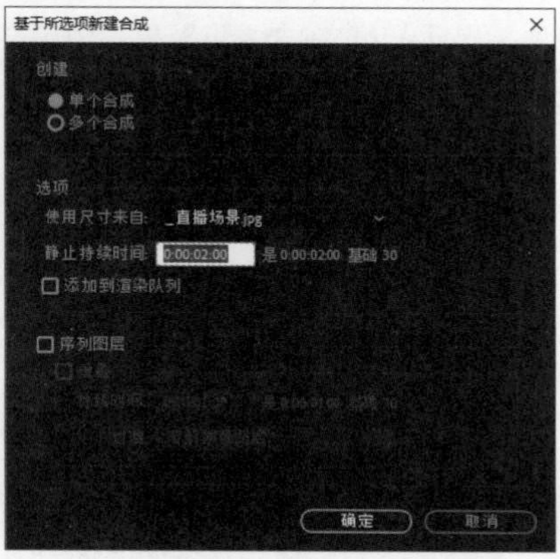

"基于所选项新建合成"对话框中部分选项介绍如下。

- "单个合成"单选项：选中该单选项，可将选中的所有素

图6-2 "基于所选项新建合成"对话框

材合并在一个合成文件中，然后在"使用尺寸来自"下拉列表框中选择合成文件时需要遵循的素材文件属性。

- "多个合成"单选项：选中该单选项，可为选中的每一个素材单独创建合成文件，此时"使用尺寸来自"下拉列表框会被禁用。

🔔 **提示**

若要修改新建的合成文件属性，可在菜单栏中选择【合成】/【合成设置】命令或按【Ctrl+K】组合键，打开"合成设置"对话框，然后在其中重新设置合成属性，单击 确定 按钮。

6.1.3 导入和替换素材文件

AE支持多种素材文件的导入，如静态图像、视频、音频等。其操作方法为：选择【文件】/【导入】/【文件】命令，或在"项目"面板的空白区域双击鼠标左键，或在空白区域单击鼠标右键，在弹出的快捷菜单中选择【导入】/【文件】命令，或按【Ctrl+I】组合键，都将打开"导入文件"对话框，从中选择需要导入的一个或多个素材文件，单击 导入 按钮即可完成导入操作。需要注意的是，在导入序列和分层素材时，还需进行一些其他操作。

● 导入序列：序列是指一组名称连续且扩展名相同的素材文件，如"1.jpg""2.jpg""3.jpg"等。打开"导入文件"对话框后，选择"1.jpg"文件选项，此时勾选对话框中的"Importer JPEG序列"复选框，然后单击 导入 按钮，AE将自动导入所有名称连续且扩展名相同的素材序列，如图6-3所示。如果是其他类型的素材序列，则复选框的名称会发生变化，但位置不变。

● 导入分层素材：当导入含有图层信息的素材时，可以通过设置保留素材中的图层信息。例如，导入Photoshop生成的PSD文件，在"导入文件"对话框中选择PSD文件并单击 导入 按钮后，将打开对应素材名称的对话框。在对话框的"导入种类"下拉列表框中选择"素材"选项，选中"合并的图层"单选项，则导入的素材仅为一个合并的图层；选中"选择图层"单选项，则可分图层导入素材，如图6-4所示。若在"导入种类"下拉列表框中选择"合成"选项，选中"可编辑的图层样式"单选项，则导入的素材将完整保留PSD文件的所有图层信息，并支持编辑图层样式；选中"合并图层样式到素材"单选项，则图层样式不可编辑，但素材渲染速度更快。

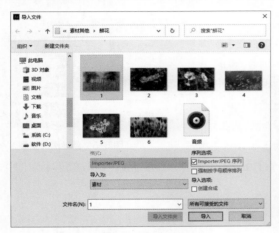

图 6-3　导入序列

图 6-4　导入分层素材

对于导入后的素材，同样可以使用与Premiere中相同的方法进行替换。其操作方法主要有以下两种：一种是在"项目"面板中选择用于替换的素材，按住【Alt】键，将该素材拖曳到"时间轴"面板中需要替换的素材上；另一种是在"项目"面板中选择需要替换的素材，单击鼠标右键，在弹出的快捷菜单中选择【替换素材】/【文件】命令（组合键为【Ctrl+H】），在打开的对话框中双击用于替换的素材。

6.1.4　保存项目文件

创建或编辑项目文件后，必须保存项目文件，便于以后再次进行操作。保存项目文件主要通过保存和另存文件两种命令进行操作。使用这两种命令在AE中保存项目文件的操作与在Premiere中的操作相同，这里不做过多介绍。但不同的是，由于在AE中新建项目文件时并没有设置保存路径和名称，因此在第一次选择【文件】/【保存】命令，或直接按【Ctrl+S】组合键时，会直接打开"另存为"对话框，在其中可设置文件名称和路径；若已经保存过该项目文件，在使用该命令时会自动覆盖已经保存过的项目文件。

6.2
图层的基本操作

所有的素材在AE中进行编辑时都是以图层的形式显示在"时间轴"面板中,并且在AE中进行的绝大部分操作都是基于图层的操作。因此,掌握图层的基本操作是学习AE的基础。

6.2.1 新建、复制与粘贴图层

将素材拖曳至"时间轴"面板中后将自动生成与素材同名的图层,且同一个素材可以作为多个图层的源。除此之外,还可根据需要新建不同类型的图层。其操作方法为:在"时间轴"面板左侧的空白区域单击鼠标右键,在弹出的快捷菜单中选择"新建"命令,然后在子菜单中选择相应的命令,即可新建图层,如图6-5所示。新建的图层将显示在图层控制区中。

如果需要重复利用图层中所有的内容,可以直接复制并粘贴该图层,这样会一并复制与粘贴该图层中所包含的内容。其操作方法主要有两种:一种是在"时间轴"面板中选择需要复制的图层,按【Ctrl+C】组合键复制,然后选择目标图层,按【Ctrl+V】组合键粘贴,所选图层将复制到目标图层的上方;另一种是在"时间轴"面板中选择需要复制的图层,在菜单栏

图 6-5 新建图层类型

中选择【编辑】/【重复】命令,或按【Ctrl+D】组合键,此时会直接把该图层副本复制到"时间轴"面板中,而不用再执行粘贴操作。

6.2.2 拆分与组合图层

在AE中,还可以对图层进行拆分,便于用户为各段视频添加不同的后期特效。拆分后还可以对不同的视频片段进行组合,最终形成一个完整的图层。

1. 拆分图层

拆分图层的操作方法为:选择需拆分的图层,将时间指示器移动至目标位置,选择【编辑】/【拆分图层】命令,或按【Ctrl+Shift+D】组合键,所选图层将以时间指示器为参考位置,拆分为上下两个图层。拆分图层前后的对比效果如图6-6所示。

图 6-6 拆分图层前后的对比效果

2. 组合图层

若要将拆分的不同图层组合在一起,可拖曳该图层的开端至前一段图层的末尾,或在"时间轴"面板中选择需要组合的图层,单击鼠标右键,在弹出的快捷菜单中选择【关键帧辅助】/【序列图层】命

令，打开"序列图层"对话框，如图6-7所示。设置持续时间为0:00:00:00，单击 **确定** 按钮，可无缝连接图层。

图6-7 "序列图层"对话框

"序列图层"对话框中各选项介绍如下。

- "重叠"复选框：用于设置图层组合处是否重叠。对于持续时间较短的多个图层，一般不勾选"重叠"复选框。
- 持续时间：用于设置整个图层的持续时间（计算公式为：持续时间=图层长度−每个图层错开时长）。
- "过渡"下拉列表框：用于设置上下图层重叠部分的过渡方式。

6.2.3 设置图层的入点与出点

图层的入点即图层有效区域的开始点，出点则为图层有效区域的结束点。设置图层的入点与出点主要有两种方式：一种是通过移动图层设置图层的入点和出点；另一种是通过修剪图层设置图层的入点和出点。

1. 通过移动图层设置图层的入点与出点

通过这种方法来设置图层的入点和出点，可以使图层的持续时间保持不变，主要有以下3种方法。

- 通过对话框设置：单击"时间轴"面板左下角的 图标，在展开的窗格中单击"入"栏或"出"栏下方的参数，可在打开的对应对话框中精确设置图层的入点与出点。
- 通过拖曳时间条设置：选择图层后，将鼠标指针移动到图层右侧的时间条上，按住鼠标左键并向左或向右拖曳时间条，如图6-8所示。
- 通过快捷键设置：将时间指示器移动至某个时间点，按【[】键可将该时间点设置为入点，按【]】键可将该时间点设置为出点。

2. 通过修剪图层设置图层的入点与出点

通过这种方法来设置图层的入点和出点，可以使图层的持续时间发生变化，主要有以下3种方法。

- 通过对话框设置：单击"时间轴"面板左下角的 图标，通过调整"入"栏和"出"栏下方的参数精确设置图层的入点与出点，如图6-9所示。

图6-8 拖曳时间条

图6-9 调整"入"栏和"出"栏下方的参数

- 通过拖曳鼠标设置：将鼠标指针移至时间条的左侧或右侧，当鼠标指针变为 形状时，按住鼠标左键并拖曳鼠标。
- 通过快捷键设置：将时间指示器移动至某个时间点，按【Alt+[】组合键可将该时间点设置为入点，按【Alt+]】组合键可将该时间点设置为出点。

6.2.4 预合成图层

预合成图层不仅便于统一管理图层，也可以直接在合成中单独处理图层。将图层预合成后，这些图层会组成一个新的合成，并且该新合成将被嵌套于原始合成中。

预合成图层的操作方法为：在"时间轴"面板中选择需要合成的图层，然后选择【图层】/【预合成】命令（组合键为【Ctrl+Shift+C】），或在"时间轴"面板中单击鼠标右键，在弹出的快捷菜单中选择"预合成"命令，打开"预合成"对话框，在"新合成名称"文本框中自定义合成名称，单击 确定 按钮。此时，被选中的图层会转换为一个单独的合成文件。预合成前后的对比效果如图6-10所示。

图6-10　预合成前后的对比效果

6.2.5　课堂案例——制作益智游戏开场视频

案例说明： 某游戏开发商需要制作一个游戏开场视频。现已提供了游戏中的场景和素材，要求在其中增加一些动态立体按钮，以增强视频的互动性，同时还要体现游戏名称"玩转动物园"，参考效果如图6-11所示。

高清视频

图6-11　参考效果

知识要点： 编辑图层属性、设置父子级图层、设置图层样式。

素材位置： 素材\第6章\益智游戏素材

效果位置： 效果\第6章\益智游戏开场视频.aep

其具体操作步骤如下。

视频教学：
制作益智游戏开
场视频

步骤 1 启动AE并新建项目，进入AE操作界面。双击"项目"面板，打开"导入文件"对话框，在其中选择所有素材，单击 导入 按钮。在"项目"面板中选择"背景.jpg"素材，然后将其拖曳到"合成"面板中。

步骤 2 选择圆角矩形工具 ，在"合成"面板右下角绘制一个圆角矩形，在"合成"面板上方的"工具"面板中单击"填充"选项后的色块，打开"形状填充颜色"对话框，在其中设置颜色为"#29D4FE"，然后单击 确定 按钮。

步骤 3 在"工具"面板中设置描边宽度为"0像素"，选择选取工具 ，在"合成"面板中调整圆角矩形的大小和位置，效果如图6-12所示。

步骤 4 在"时间轴"面板中选择形状图层，然后在其上单击鼠标右键，在弹出的快捷菜单中选择【图层样式】/【渐变叠加】命令。

步骤 5　在"时间轴"面板中展开"渐变叠加"栏，单击"颜色"选项后的"编辑渐变"超链接（若没有该超链接，需要单击"时间轴"面板左下角的■按钮），打开"渐变编辑器"对话框，单击颜色条左下角的色标，设置颜色为"#29D4FE"，使用相同的方法设置右下角色标的颜色为"#02566A"，如图6-13所示。单击 确定 按钮，返回"时间轴"面板。

图 6-12　调整矩形的大小和位置

图 6-13　设置颜色条右下角色标的颜色

步骤 6　在"渐变叠加"栏中单击"反向"选项后的"关"超链接，使其变为"开"超链接，如图6-14所示。

步骤 7　使用与步骤4相同的方法为形状图层添加"斜面和浮雕"图层样式，然后在"时间轴"面板中的"斜面和浮雕"栏中设置大小为"10"，柔化为"5"，阴影颜色为"#05B8E2"。

步骤 8　为形状图层添加"投影"图层样式，然后在"时间轴"面板的"投影"栏中设置不透明度为"40%"、距离为"6"、扩展为"20%"、大小为"10"，如图6-15所示。

图 6-14　单击"关"超链接

图 6-15　设置"投影"栏参数

步骤 9　选择"形状图层1"图层，按【Ctrl+D】组合键复制一个"形状图层2"图层，在"时间轴"面板中展开复制图层的"渐变叠加"栏，设置该按钮的渐变颜色分别为"#B0DA46""#1F430D"；展开"斜面和浮雕"栏，设置阴影颜色为"#48C809"。

步骤 10　使用与步骤9相同的方法制作第3个按钮的外观，按钮的渐变颜色分别为"#FDCDA0""#D17B01"、阴影颜色为"#B0562E"，然后在"合成"面板中调整按钮位置，效果如图6-16所示。

步骤 11　将"大象.png""狮子.png""小鸟.png"素材全部拖曳到"时间轴"面板中。在"时间轴"面板中展开"大象.png"图层的"变换"栏，调整位置属性的参数为"627，343.5"、缩放属性的参数为"38%"，如图6-17所示。然后依次调整"狮子.png""小鸟.png"素材的大小和位置，效果如图6-18所示。

图6-16　调整按钮位置

图6-17　设置素材属性

图6-18　调整素
材的大小和位置

> 🔔 **提示**
>
> 　　调整素材的位置和缩放时，除了可以直接在"时间轴"面板中调整位置和缩放属性后的参数外，还可以在"合成"面板中选择素材，然后按住鼠标左键并拖曳鼠标移动素材位置；选择素材后，按住【Shift】键，同时拖曳素材四周的控制点可等比例缩放图层。

　　步骤 12　新建一个文本图层，然后在"合成"面板中输入"天空掠影"文本，在"字符"面板中设置字体大小为"30像素"。选择文本图层，按两次【Ctrl+D】组合键复制图层，分别修改复制图层的文本内容为"森林寻踪""草原追逐"，然后调整文字位置，效果如图6-19所示。

　　步骤 13　在"时间轴"面板中直接拖曳"森林寻踪"图层和"大象.png"图层中的父级关联器图标◎至"形状图层2"图层上，如图6-20所示。

　　步骤 14　使用与步骤13相同的方法依次将"天空掠影"图层和"小鸟.png"图层中的父级关联器图标◎拖曳至"形状图层1"图层上；将"草原追逐"图层和"狮子.png"图层中的父级关联器图标◎拖曳至"形状图层3"图层上。

　　步骤 15　选择"形状图层1"图层，然后选择向后平移（锚点）工具，在"合成"面板中将锚点移动到圆角矩形中心，如图6-21所示。

图6-19　调整文字位置

图6-20　拖曳父级关联器图标

图6-21　调整
锚点位置

　　步骤 16　选择"形状图层1"图层，在"时间轴"面板中展开该图层的"变换"栏，单击旋转属性前的"时间变化秒表"按钮，激活旋转属性关键帧。

> 🔔 **提示**
>
> 　　默认情况下，锚点位于图层的中心位置。除了可以使用"向后平移（锚点）工具"改变锚点的位置外，还可以直接在"时间轴"面板中调整锚点属性后的参数。

步骤 **17** 将时间指示器移动到0:00:00:02处，设置旋转属性参数为"0x，4°"；将时间指示器移动到0:00:00:04处，设置旋转属性参数为"0x，-4°"。

步骤 **18** 选择第2个和第3个旋转属性关键帧，按【Ctrl+C】组合键复制，将时间指示器移动到0:00:00:06处，按【Ctrl+V】组合键粘贴。使用相同的方法依次在0:00:00:10、0:00:00:14、0:00:00:18、0:00:00:22位置粘贴关键帧，如图6-22所示。

步骤 **19** 使用与步骤15相同的方法先依次调整"形状图层2"图层和"形状图层3"图层的锚点位置，然后使用与步骤16~步骤18相同的方法为这两个图层制作出旋转属性的关键帧动画。

步骤 **20** 将时间指示器移动到视频入点，新建文本图层，并输入"玩转动物园"文本，设置字体为"方正汉真广标简体"、字体大小为"65像素"、文字颜色为"#FFFFFF"，然后为该图层添加"描边"图层样式，在"时间轴"面板中设置描边颜色为"#9B16B1"、大小为"8"，查看效果如图6-23所示。

图 6-22　粘贴关键帧

图 6-23　查看效果

步骤 **21** 完成整个画面效果的制作后，按【Ctrl+S】组合键打开"另存为"对话框，设置文件名为"益智游戏开场视频"，单击 保存(S) 按钮保存文件。

6.2.6　编辑图层属性

与Premiere中的素材一样，AE中的图层也具有锚点、位置、缩放、旋转和不透明度5种属性。在"时间轴"面板左侧的图层控制区中展开某个图层，在"变换"栏中可以看到该图层的5种属性，如图6-24所示。

🔔 **提示**

在AE中，若想快速显示需要调整的图层属性，在选择图层后，按【A】键可显示锚点属性，按【P】键可显示位置属性，按【S】键可显示缩放属性，按【R】键可显示旋转属性，按【T】键可显示不透明度属性。

更改这些属性后方的参数可以调整参数值，单击上方的 按钮可以将调整后的参数值恢复到初始状态，单击属性前的"时间变化秒表"按钮 可以激活相关属性关键帧，与Premiere中的"切换动画"按钮 作用相同。同理，也可以使用与Premiere中相同的方法创建、选择关键帧，以及修改关键帧参数，这里不做过多介绍。但在AE中修改关键帧参数时，也可以采用直接双击关键帧，在打开的对话框中进行修改的方法。图6-25所示为双击位置属性关键帧后打开的"位置"对话框。

图6-24 查看图层属性

图6-25 "位置"对话框

> 🔔 **提示**
>
> 若"时间轴"面板中的图层或图层中的属性过多，而只需要修改某一个属性的关键帧，将所有图层都展开不便于操作，此时可选择需要修改关键帧参数的图层，按【U】键，将只显示所选图层中的所有添加了关键帧的属性。若在未选择图层的情况下按【U】键，将显示所有图层中的关键帧属性。

6.2.7 设置父子级图层

通过设置父子级图层可以在改变一个图层的某个属性时，同步修改其他图层的对应属性。其操作方法为：在图层的"父级和链接"栏的下拉列表框中直接选择图层作为自己的父级图层，或直接拖曳"父级和链接"栏下方的"父级关联器"按钮◎至父级图层上，如图6-26所示。

图6-26 设置父子级图层

如要解除"父子关系"，可在子级图层的"父级和链接"栏的下拉列表框中选择"无"选项，或按住【Ctrl】键的同时单击子级图层的"父级关联器"按钮◎。

> 🔔 **提示**
>
> 除了图层可以进行父级链接外，图层中的属性也可以通过这种方式进行链接。其操作方法为：在"时间轴"面板中展开图层属性栏，直接拖曳图层属性右侧的"属性关联器"按钮◎至目标图层属性上。

6.2.8 设置图层的混合模式

图层的混合模式是指混合上一层图层与下一层图层的像素，从而得到一种新的视觉效果，在视频后期制作中应用十分广泛。AE中提供了多种混合模式，用户可根据自身需求进行选择，如图6-27

所示。由于AE中的图层混合模式与Premiere中的图层混合模式作用大致相同，因此这里不做过多介绍。

设置图层的混合模式的方法为：在"时间轴"面板中选择目标图层，单击鼠标右键，在弹出的快捷菜单中选择"混合模式"命令，或在菜单栏中选择【图层】/【混合模式】命令，都可在打开的子菜单中选择合适的混合模式，或直接在"时间轴"面板的"模式"下拉列表中选择所需效果（若没有显示"模式"下拉列表，可单击"时间轴"面板左下角的 图标，显示"转换控制"窗格），如图6-28所示。

图6-27　图层的混合模式

图6-28　设置图层的混合模式

6.2.9　设置图层样式

AE中预设了许多图层样式，旨在为图层添加各种丰富的效果，如投影、内阴影、外发光、内发光、斜面和浮雕、光泽、颜色叠加、渐变叠加、描边等。

设置图层样式的操作方法为：在目标图层上单击鼠标右键，在弹出的快捷菜单中选择"图层样式"命令，或在菜单栏中选择【图层】/【图层样式】命令，在弹出的子菜单中可对图层应用某种样式，如图6-29所示。应用图层样式后，在"时间轴"面板中展开该图层的"图层样式"栏，可设置该样式的具体属性，并可为其设置关键帧，使样式产生动画效果，如图6-30所示（以"投影"图层样式为例）。

图6-29　图层样式

图6-30　设置图层样式

课堂实训

制作年终晚会视频

1. 实训背景

某公司准备举办年终晚会，现在需要制作一个视频，用在年终晚会的开幕式上。要求风格大气、美观，时长在10秒左右，尺寸大小为1280像素×720像素。

2. 实训思路

（1）导入素材和新建合成。制作视频前，首先需要在AE中导入全部素材，由于素材大小与尺寸要求一致，因此可直接基于素材新建合成文件。

（2）设置图层的混合模式和控制时长。为了能让视频效果更丰富，可考虑利用图层的混合模式将两个视频融合在一起作为背景。融合视频前后的对比效果如图6-31所示。同时，通过设置图层的入点和出点控制视频时长。

图6-31　融合视频前后的对比效果

（3）添加和丰富文字。为了体现视频主题，可在视频中添加文字，并利用图层样式丰富文字效果，利用关键帧制作文字动画效果。

本实训的参考效果如图6-32所示。

图6-32　参考效果

高清视频

素材位置： 素材\第6章\背景1.mp4、背景2.mp4

效果位置： 效果\第6章\年终晚会视频.aep

3. 步骤提示

视频教学：制作年终晚会视频

步骤 1　新建项目文件，将素材文件全部导入"项目"面板中，并将"背景1.mp4"拖曳到"合成"面板中。

步骤 2　选择"背景1.mp4"图层，将时间指示器移动到0:00:00:04处，按【Alt+[】组合键，然后将该图层向左拖曳，调整图层的入点为0:00:00:00。

步骤 3　将"背景2.mp4"素材拖曳到"合成"面板中，在"时间轴"面板中设置"背景2.mp4"图层的混合模式为"叠加"，然后调整两个图层的出点均为0:00:10:00。

步骤 4 将时间指示器移动到0：00：00：00处，新建文本图层，输入"征途漫漫"文字，设置文字属性，再为其添加"斜面和浮雕""投影"图层样式，并在"时间轴"面板中调整参数。复制文字图层，修改文字内容并调整文字位置，然后继续复制文字图层并修改为副标题文字内容，设置文字属性后为该文字添加"投影"图层样式。

步骤 5 将3个文字图层预合成，在"时间轴"面板中单击预合成图层中的■按钮，然后通过为预合成添加缩放属性关键帧制作缩放从"0"到"100"的变化效果，最后保存名称为"年终晚会视频"的项目文件。

6.3.2 制作"大雪"节气宣传视频

1. 实训背景

"大雪"节气即将到来，某传统文化研究组织准备制作一个"大雪"节气宣传视频，让更多人了解我国的传统文化。要求视频效果美观、主题突出，时长在10秒左右，尺寸大小为1920像素×1080像素。

2. 实训思路

（1）制作下雪效果。由于提供的雪景视频素材中下雪氛围不够浓厚，可利用下雪视频素材和"变亮"混合模式为雪景视频素材制作下雪效果。

（2）添加文字。为了突出视频主题，还需要添加一些关于"大雪"节气的文字内容。

（3）添加动画。为了丰富视频效果，可考虑利用文字素材的不透明度属性关键帧制作出渐出动画效果。

本实训的参考效果如图6-33所示。

图 6-33　参考效果

素材位置： 素材\第6章\下雪.mp4、雪景.mp4

效果位置： 效果\第6章\"大雪"节气宣传视频.aep

3. 步骤提示

步骤 1 新建项目文件，将视频素材全部导入"项目"面板中，然后选择这两个素材，将其拖曳到"时间轴"面板中，并在弹出的对话框中单击 确定 按钮。

视频教学：
制作"大雪"节气
宣传视频

步骤 2 设置"下雪.mp4"图层的混合模式为"变亮"、不透明度为"70%"。将时间指示器移动到0：00：01：00处，新建文本图层■■，输入"大"文字，设置文字属性后为文字添加"投影"图层样式，接着在"时间轴"面板中修改图层样式参数，再复制文字并修改文字内容为"雪"。

步骤 3 复制两次文本图层，并依次修改文字内容，接着为部分文字底部添加矩形形状作为底纹。将文字和形状图层预合成，然后通过为预合成添加不透明度属性关键帧制作不透明度从"0%"到"100%"的变化效果。

步骤 **4** 返回"下雪"合成,调整所有图层的出点均为0:00:10:00,最后保存名称为"'大雪'节气宣传视频"的项目文件。

6.4 课后练习

练习 **1** 制作城市宣传片片头

　　某视频制作公司要以客户提供的与城市相关的视频素材和一些装饰素材为基础,制作一个城市宣传片片头。要求体现出水墨风格,视频效果美观,具有艺术气息,参考效果如图6-34所示。

高清视频

图 6-34　参考效果

　　素材位置:素材\第6章\城市.mp4、水墨.mp4、印章.png

　　效果位置:效果\第6章\城市宣传片片头.aep

练习 **2** 制作"星空露营"活动宣传视频

　　近期某旅行社将开展一个"星空露营"活动,让更多喜欢露营的人体验户外生活,保持一种健康的生活状态。现提供了一个露营的视频素材和星空图片素材,要求将星空图片素材融入视频素材中,营造出浪漫、温馨的氛围,并添加部分文字,使其能够简单明了地展现出活动内容,引起人们对该活动的兴趣和关注,最终制作成一个用于线上传播的活动宣传视频,参考效果如图6-35所示。

高清视频

图 6-35　参考效果

　　素材位置:素材\第6章\背景.mp4、夜空.jpg

　　效果位置:效果\第6章\"星空露营"活动宣传视频.aep

第 **7** 章 制作视频特效

进行视频后期制作时，用户还可以使用AE制作各种特效，包括文字特效、抠像特效、跟踪特效，以及调色特效、过渡特效、特殊特效等，从而有效提升视频的视觉效果。

📖 学习目标
◎ 熟悉常见的视频特效
◎ 掌握常见视频特效的制作方法

✛ 素养目标
◎ 培养学习视频特效的兴趣
◎ 通过制作各种特效，提高审美意识

◈ 案例展示

环境保护公益宣传片

7.1

文字特效

在AE中创建的文字，不仅能调整格式和外观，还可以通过设置文字的动画属性、路径属性等操作制作出文字特效。

7.1.1 课堂案例——制作"新春祝福"短片

案例说明： 新的一年即将到来，某公司准备制作一个"新春祝福"短片，发布在公司官方网站上，为全体员工送去新年祝福。要求根据提供的烟花视频完成，通过在视频中添加文字展现视频主题，同时制作出文字飞舞的效果，以丰富视频画面，时长保持在10秒内，参考效果如图7-1所示。

高清视频

知识要点： 创建和编辑文字、设置文字的动画属性。

素材位置： 素材\第7章\烟花.mp4

效果位置： 效果\第7章\"新春祝福"短片.aep

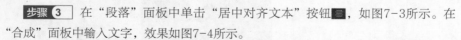

图 7-1　参考效果

其具体操作步骤如下。

步骤 1 启动AE并新建项目，将"烟花.mp4"素材导入"项目"面板中，然后将其拖曳到"合成"面板中，新建合成文件。

步骤 2 选择横排文字工具 T ，在"字符"面板中设置字体为"方正字迹-曾正国楷体"、字体大小为"55像素"、字符间距为"200"、行距为"65像素"、填充颜色为"#FFFFFF"，如图7-2所示。

视频教学：
制作"新春祝福"
短片

步骤 3 在"段落"面板中单击"居中对齐文本"按钮 ，如图7-3所示。在"合成"面板中输入文字，效果如图7-4所示。

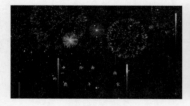

图 7-2　设置文字属性

图 7-3　设置段落属性

图 7-4　输入文字

步骤 4 单击"时间轴"面板左下角的█按钮，在展开的窗格中单击"烟花.mp4"图层"伸缩"（或"持续时间"栏）栏下方的参数，打开"时间伸缩"对话框，设置拉伸因数为"50%"，以加快视频速度，如图7-5所示。

> **提示**
>
> 　　"时间伸缩"对话框中的"拉伸因数"可让视频产生变速效果，其作用类似于Premiere的"剪辑速度/持续时间"对话框中的"速度"选项。同理，也可通过设置持续时间来调整视频速度。

步骤 5 使用与步骤4相同的方法设置文字图层的拉伸因数为"50%"，将时间指示器移动到0:00:01:11处，选择文字图层，按【Alt+[】组合键调整图层的入点。

步骤 6 在"时间轴"面板中展开文字图层，单击"动画"按钮█，在弹出的下拉列表中选择"启用逐字3D化"命令。使用相同的操作再次选择"位置"命令，然后在展开的列表中激活位置属性关键帧，并设置参数，再展开"范围选择器1"栏，激活偏移关键帧，如图7-6所示。

图 7-5　设置时间伸缩

图 7-6　设置文字动画

> **提示**
>
> 　　当"时间轴"面板中的"动画制作工具"栏处于选中状态时，添加的其他动画属性会自动添加到栏中，等同于右侧的"添加"按钮；处于未选中状态时，添加的其他动画属性会自动建立新的"动画制作工具"栏。

　　步骤 7 单击"动画制作工具1"选项后的"添加"按钮█，选择【属性】/【不透明度】命令，在"时间轴"面板中激活不透明度属性关键帧，并设置该参数为"0%"。

　　步骤 8 将时间指示器移动到0:00:04:13处，将位置和不透明度属性的参数恢复到原始默认值，并设置偏移为"100%"，如图7-7所示。

　　步骤 9 展开偏移属性下方的"高级"栏，单击"随机排序"选项后的"关"超链接，使其变为"开"，如图7-8所示。按【Ctrl+S】组合键保存文件，设置名称为"'新春祝福'短片"。

图 7-7　设置属性值

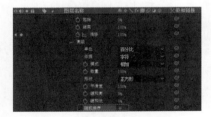

图 7-8　单击超链接

7.1.2 创建和编辑文字

在AE中同样可以创建点文字和段落文字，其操作方法与在Premiere中的操作方法相同，只需选择"横排文字工具" T 或"直排文字工具" IT ，在"合成"面板中单击鼠标左键插入文字输入点，然后输入点文字，或按住鼠标左键并拖曳鼠标形成一个文字框，然后在其中输入段落文字。

输入文字后，可通过"字符"面板（见图7-9）和"段落"面板（见图7-10）对文字进行编辑，如设置字符样式、段落样式等。

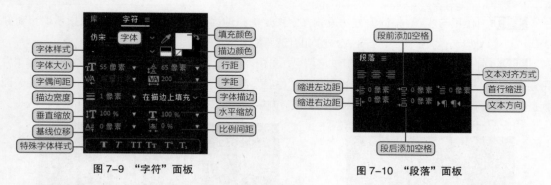

图 7-9 "字符"面板   图 7-10 "段落"面板

"字符"面板中部分选项介绍如下（由于部分选项与Premiere的"基本图形"面板中的"文本"栏相同，因此这里不做介绍）。

- 填充颜色：用于设置文字的填充颜色。单击色块可以打开"文字颜色"对话框，在其中可选择字体的颜色。
- 描边颜色：用于设置文字的描边颜色，使用方法与填充颜色相同。
- 描边宽度：用于设置字体的描边大小。
- 字体描边：单击右侧的下拉按钮 ，在弹出的下拉列表中选择相应选项，可控制描边的位置。
- 垂直缩放：用于设置文字的垂直缩放比例。
- 水平缩放：用于设置文字的水平缩放比例。

"段落"面板中部分选项介绍如下（由于部分选项与Premiere的"基本图形"面板中的"文本"栏相同，因此这里不做介绍）。

- 段前添加空格：用于设置当前段与上一段文字之间的距离，需要将鼠标指针插入当前段文字首字前或末尾处。
- 缩进左边距：横排段落文字可设置左缩进值，直排段落文字可设置顶端缩进值。
- 缩进右边距：横排段落文字可设置右缩进值，直排段落文字可设置底端缩进值。
- 段后添加空格：用于设置当前段与下一段文字之间的距离，需将鼠标指针插入当前段文字末尾处。
- 首行缩进：用于设置段落首行缩进值。

7.1.3 设置文字动画属性

利用文字图层的动画制作工具可为文字添加不同的动画属性，从而制作出相关的动画效果。其操作方法为：在"时间轴"面板中展开文字图层，然后单击文字图层右侧的"动画"按钮 ，在弹出的下拉列表中选择不同的动画属性命令，如图7-11所示。

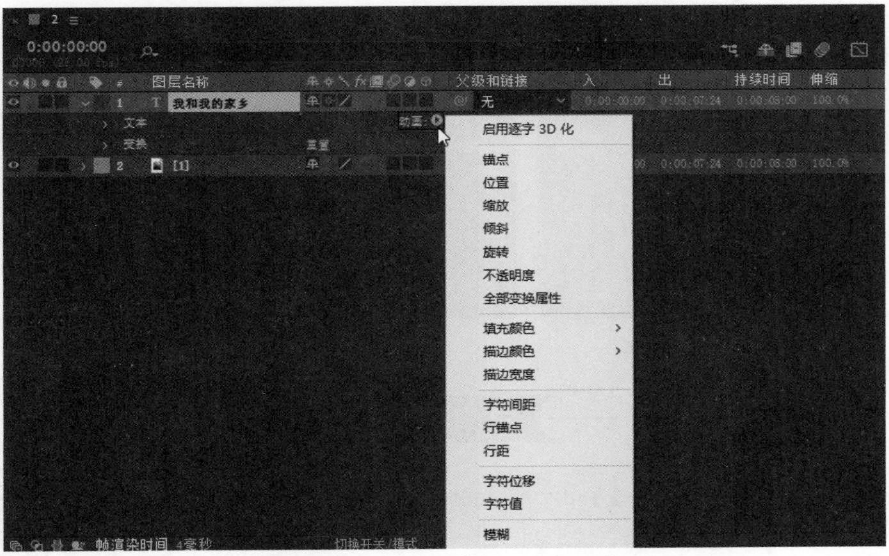

图 7-11 单击"动画"按钮

"动画"快捷菜单中的相关命令介绍如下。

- 启用逐字3D化：用于将文字逐字开启三维图层模式。此时的二维文字图层会转换为三维图层。
- 锚点、位置、缩放、倾斜、旋转、不透明度：用于制作文字的中心点变换、位移、缩放、倾斜和不透明度动画。与图层的基本属性参数相同。
- 全部变换属性：用于同时为文字添加锚点、位置、缩放、倾斜、旋转、不透明度6种变换属性的动画。
- 填充颜色：用于设置文字的填充颜色。在其子菜单中还可以选择文字填充颜色的RGB、色相、饱和度等选项，如图7-12所示。
- 描边颜色：用于设置文字的描边颜色，以及描边颜色的RGB、色相、饱和度、亮度和不透明度等选项。

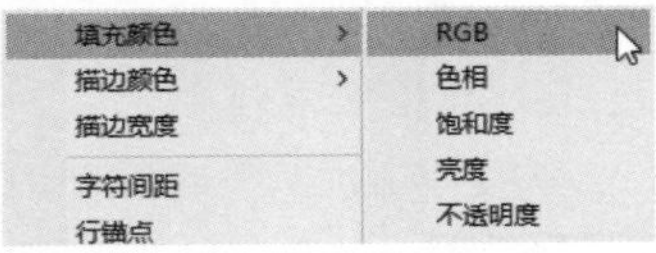

图 7-12 设置文字的填充颜色

- 描边宽度：用于设置文字的描边粗细。
- 字符间距：用于设置文字之间的距离。
- 行锚点：用于设置文字的对齐方式。
- 行距：用于设置段落文本中每行文字之间的距离。
- 字符位移：用于按照统一的字符编码标准，对文字进行位移。
- 字符值：用于按照统一的字符编码标准，统一替换设置的字符值所代表的字符。
- 模糊：用于为文字添加模糊效果。图7-13所示为为文字添加模糊动画的效果。

在"时间轴"面板中为文字添加动画属性后，"文字"栏下方将会出现一个"动画制作工具"栏，单击右侧的"添加"按钮 ，在弹出的下拉列表中选择"属性"子菜单，可在该"动画制作工具"栏中继续添加新的动画属性；选择"选择器"子菜单，可选择不同的选择器设置动画效果，如图7-14所示。

3种选择器介绍如下。

- 范围：用于使文字按照特定的顺序进行移动和缩放，也是AE默认的选择器。
- 摆动：用于使文字在指定的时间段产生摇摆动画。
- 表达式：用于通过输入表达式来控制文字动画。

图 7-13　文字模糊动画效果

图 7-14　选择选择器

🔗 资源链接

　　AE 中的表达式是 AE 内部基于 JavaScript 编程语言开发的编辑工具，可以通过与一些属性进行链接与计算，快速制作出一系列复杂的动画效果。扫描右侧的二维码，查看更多表达式的相关内容，加强对表达式的认识。

扫码看详情

7.1.4　路径文字

　　路径文字动画可以让文字沿着绘制的路径进行运动。创建路径文字动画的操作方法为：在"合成"面板中输入文字内容，然后在"时间轴"面板中选中该文字图层，接着使用"钢笔工具" ✐（或"矩形工具" ▣、"圆角矩形工具" ▣、"椭圆工具" ▣、"多边形工具" ◉、"星形工具" ✦）在"合成"面板中绘制文字的路径蒙版，最后在"时间轴"面板中依次展开该文字图层下方的"文字"/"路径选项"栏，在"路径"选项后的下拉列表中选择前面绘制的路径蒙版，此时在"合成"面板中可看到文字已沿着绘制的路径排列。

　　为文字添加路径后，既可以在"合成"面板中重新调整路径的形状，从而改变文字的路径效果；也可以在文字图层的"路径选项"栏中设置相关参数调整文字的路径效果，如图7-15所示。

　　"路径选项"栏中的相关参数介绍如下。

- 路径：用于选择文字跟随的路径。
- 反转路径：用于设置路径是否反转。
- 垂直于路径：用于设置文字是否垂直于
　路径。
- 强制对齐：用于设置文字与路径首尾是否
　对齐。
- 首字边距：用于设置文字首字边距大小。
- 末字边距：用于设置文字末字边距大小。

图7-15　"路径选项"栏

除了可以手动制作文字特效外，AE中还提供了文本动画预设效果，可供用户直接应用到文本图层中。应用文本动画预设的方法为：选择【窗口】/【效果和预设】命令，或按【Ctrl+5】组合键，打开"效果和预设"面板，展开"Text"文件夹，其中包含了多个不同类别的动画效果。展开任意文件夹，选择需应用效果的文本图层后双击某个动画预设，或直接将所需动画预设拖曳至文本图层上，文本图层将自动以时间指示器位置为起始点创建关键帧。

高清视频

尝试为提供的素材（素材位置：素材\第7章\喝茶.mp4）添加文字，并对文字应用文本动画预设，参考效果如图7-16所示。

图 7-16 参考效果

7.2 抠像特效

抠像特效是视频后期制作中较为常用的功能，可以合成两段或多段视频素材，制作出在现实生活中难以实现的画面。

7.2.1 课堂案例——更换视频中的天空

案例说明： 某旅行社拍摄了一段跑马视频，准备将其用在宣传片中吸引消费者前来旅游。但由于视频中天空的色彩较为平淡，因此准备使用其他视频中的天空替换原视频中的天空，使画面更加美观，替换前后的对比效果如图7-17所示。

知识要点： "颜色差值键"效果的运用。

素材位置： 素材\第7章\跑马视频.mp4、云.mp4

效果位置： 效果\第7章\跑马视频效果.aep

高清视频

图 7-17 替换前后的对比效果

其具体操作步骤如下。

步骤 1 新建项目文件，导入视频素材。先将"跑马视频.mp4"素材拖曳至"时间轴"面板中，基于素材新建合成。然后将"云.mp4"素材拖曳到"时间轴"面板中"跑马视频.mp4"素材的下方，作为第2个图层。

步骤 2 打开"效果和预设"面板，展开"抠像"文件夹，然后将其中的"颜色插值键"效果拖曳到"跑马视频.mp4"图层中，此时视频画面会自动抠像。应用该效果前后的对比效果如图7-18所示。

图 7-18　应用"颜色插值键"效果前后的对比效果

步骤 3 由于"云.mp4"视频素材较大，因此需要在"时间轴"面板中调整"云.mp4"视频素材的缩放属性参数为"67%"。

步骤 4 在"时间轴"面板中选择"跑马视频.mp4"图层，在"效果控件"面板中设置视图为"已校正遮罩"，在"合成"面板中查看效果如图7-19所示。此时可发现天空区域是灰色，显示并未完全遮罩（黑色区域代表遮罩部分，白色区域代表未遮罩部分），因此需要进行调整。在"效果控件"面板中展开"预览"栏，单击图像缩略图之间的第2个"吸管工具" ，在天空区域单击鼠标左键进行取样，效果如图7-20所示。

步骤 5 由于画面中不需要遮罩的下方区域也变为灰色，因此可单击图像缩略图之间的第3个"吸管工具" ，在画面下方的灰色区域单击鼠标左键进行取样，使其变为白色（如果依次取样达不到想要的效果，可多次在不同的位置单击取样）。

步骤 6 由于画面中黑白过渡的地方还有大片灰色，可继续在"效果控件"面板中调整"颜色插值键"效果的参数，使黑白对比更加强烈，调整参数如图7-21所示。

图 7-19　查看效果　　　　　图 7-20　在天空区域取样　　　　　图 7-21　调整参数

步骤 7 在"效果控件"面板中设置"跑马视频.mp4"图层视图为"最终输出"，在"时间轴"面板中将两段视频的出点调整为一致。最后按【Ctrl+S】组合键保存文件，并设置名称为"跑马视频效果"。

7.2.2　应用抠像特效

抠像是一项在视频后期制作中比较重要的技术，它在影视制作领域，尤其是在科幻电影中被广泛采用。AE中的抠像特效主要集中在"效果与预设"面板的"Keying""抠像"文件夹中，如图7-22所示。

1. Keying

"Keying"文件夹中只包含一个"Keylight（1.2）"抠像特效。该特效高效、便捷，且功能强大，能通过所选颜色对画面进行识别，使所选颜色的区域和背景相分离，然后抠除掉画面中对应颜色所在区域。应用该效果前后的对比效果如图7-23所示。

2. 抠像

"抠像"文件夹中包含9个抠像特效，各特效介绍如下。

图7-22　"Keying""抠像"文件夹

- Advanced Spill Suppressor（高级溢出抑制器）：该特效可以从已经抠像完成的素材中移除杂色，包括边缘及主体内所染上的环境色。

图7-24所示为对绿幕视频进行抠像后，人物脸部、笔记本电脑以及视频整体色调出现了泛绿偏绿的情况，然后应用该特效进行处理前后的对比效果。

图 7-23　应用"Keylight（1.2）"效果前后的对比效果　　　图 7-24　应用"Advanced Spill Suppressor"效果前后的对比效果

- CC Simple Wire Removal（简单金属丝移除）：该特效可以擦除两点之间的一条线，常用于擦除视频画面中人物身上的威亚钢丝绳等。
- Key Cleaner（抠像清除器）：该特效可以改善杂色素材的抠像效果，同时保留细节，只影响 Alpha 通道，类似于Photoshop中的"调整边缘"命令，常与"Keylight"特效结合使用，用于恢复素材的边缘细节。
- 内部/外部键：该特效通过为素材创建蒙版定义抠取对象的边缘内部和外部，从而进行抠像，且在绘制蒙版时可以不需要完全贴合抠取对象的边缘。图7-25所示为应用"内部/外部键"效果前后的对比效果。
- 差值遮罩：该特效可通过比较源图层和差值图层来抠出源图层中与差值图层中位置和颜色相匹配的像素。图7-26所示为应用"差值遮罩"效果前后的对比效果。

图 7-25　应用"内部/外部键"效果前后的对比效果　　　图 7-26　应用"差值遮罩"效果前后的对比效果

- 提取：该特效可以基于一个通道的范围进行抠像，如当图像的亮度通道或RGB通道中某个通道存在明显差异时，可使用该特效。图7-27所示为应用"提取"效果前后的对比效果。
- 线性颜色键：该特效可将素材中的每个像素与指定的主色加以比较，如果像素的颜色与主色相似，则该像素将变为完全透明，表示已被抠除。图7-28所示为应用"线性颜色键"效果前后的对比效果。

　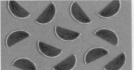

图 7-27　应用"提取"效果前后的对比效果　　　　图 7-28　应用"线性颜色键"效果前后的对比效果

● 颜色范围：该特效可基于Lab、YUV（颜色编码方法）或RGB颜色范围进行抠像，类似于Photoshop中的"色彩范围"命令。图7-29所示为应用"颜色范围"效果前后的对比效果。

● 颜色差值键：该特效可创建明确定义的透明度值，将图像分为"A""B"两个遮罩，然后在相对的起始点创建透明度。其中"B遮罩"使透明度基于指定的主色，而"A遮罩"使透明度基于主色之外的图像区域，将这两个遮罩合并后则生成第3个遮罩（称为"Alpha遮罩"）。图7-30所示为应用"颜色差值键"效果前后的对比效果。

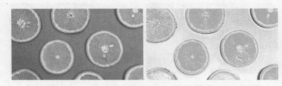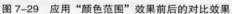　

图 7-29　应用"颜色范围"效果前后的对比效果　　　　图 7-30　应用"颜色差值键"效果前后的对比效果

疑难解答

线性颜色键、颜色范围、颜色差值键这3种抠像特效都是基于颜色进行抠像的，在抠像时，该如何选择？

"线性颜色键"效果常用于抠取与背景颜色相似的素材；"颜色范围"效果常用于抠取背景颜色相对复杂的素材；"颜色差值键"效果常用于抠取包含透明或半透明区域的素材，如烟雾、阴影、玻璃等，适用于以蓝屏或绿屏为背景拍摄的所有亮度适宜的抠像素材。因此使用这3种抠像特效时，可根据所选素材进行选择。

7.2.3　使用 Roto 笔刷工具抠像

除了常用的抠像类效果，AE中还提供了Roto笔刷工具用于抠取动态的对象，相比于使用逐帧绘制遮罩的方法能够节省大量时间，从而有效提高处理效率。Roto笔刷工具可以对视频中的对象绘制选区，然后AE根据绘制的选区在前景（即对象）和背景之间创建分离边界，从而将前景抠取出来，并跟踪前景的运动轨迹在后面的帧中自动调整前景的范围。

使用Roto笔刷工具进行动态抠像前需要先绘制前景的选区，再创建分离边界。其操作方法为：双击视频图层，打开"图层"面板，选择Roto笔刷工具 或按【Alt+W】组合键，将鼠标指针移至需要抠取的前景上方，按住鼠标左键并拖曳鼠标进行涂抹（画笔颜色为绿色）或单击鼠标左键，所选区域的前景轮廓将出现紫红色的线条，如图7-31所示。

在绘制时，可选择【窗口】/【画笔】命令，打开"画笔"面板，在其中调整画笔样式和画笔大小等参数，便于绘制细节部分。

当绘制的前景中有多余的对象时，按住【Alt】键，鼠标指针变为■形状，然后在多余的地方单击鼠标左键或按住鼠标左键不放并拖曳鼠标进行涂抹（此时画笔颜色为红色），可清除多选区域，如图7-32所示。

图 7-31 创建分离边界   图 7-32 清除多选区域

抠取完成后，AE将在前后各20帧的范围内自动计算抠取范围，最后在"合成"面板中可查看抠取效果。若对抠取效果不满意，还可进行精确调整，主要有以下3种方法。

（1）通过基础帧和作用范围调整

使用Roto笔刷工具创建分离边界后，将自动在"图层"面板下方的时间标尺中创建一个基础帧，该基础帧左右两侧区域为前景的作用范围，如图7-33所示。将鼠标指针移至作用范围的边缘，按住鼠标左键并拖曳鼠标，可改变作用范围，如图7-34所示。拖曳时间标尺中的时间指示器时，AE将从基础帧开始缓存其他帧中的分离边界，缓存完成的帧将显示绿色的线段，如图7-35所示。

图 7-33 基础帧和作用范围   图 7-34 改变作用范围   图 7-35 缓存完成的帧

- 添加基础帧：基础帧的作用范围默认为40帧（前后各20帧）。当视频时长较长或背景变化较大时，AE会花费过多时间为每个帧计算分离边界，此时可添加多个基础帧。其操作方法为：将时间指示器移至基础帧的作用范围之外，然后使用Roto笔刷工具对前景进行绘制。需要注意的是，多个基础帧的作用范围必须连在一起，否则出现空隙会导致某些帧不存在分离边界。

- 调整基础帧作用范围内的前景：按【Page Down】键或【Page Up】键可向后或向前移动一帧，当在画面中发现问题时，可使用Roto笔刷工具对前景进行调整。需要注意的是，在基础帧的作用范围内修改时，每次的调整结果都将影响到它后面的作用范围内的所有帧。

（2）调整"Roto笔刷和调整边缘"效果

使用Roto笔刷工具创建分离边界后，该图层将自动应用"Roto笔刷和调整边缘"效果，在"效果控件"面板中可修改相关参数，如图7-36所示。

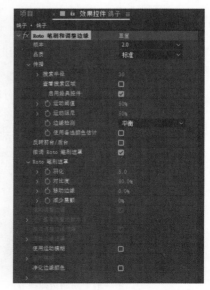

图7-36 "Roto笔刷和调整边缘"效果参数

"Roto笔刷工具和调整边缘"效果部分参数介绍如下。

- "版本"下拉列表框：默认选择为2.0版本的Roto笔刷，也可在该下拉列表框中选择"1.0（经典）"旧版笔刷选项。

- "品质"下拉列表框：用于选择分离边界的细节质量。其中，"标准"选项表示分离边界的速度更快，并且边缘没有太多的细节；"最佳"选项表示精修边缘，但分离边界的速度慢。

- 搜索半径：用于设置AE在逐帧寻找匹配像素时的搜索区域半径。若搜索半径太小，可能会错过一些运动；若搜索半径太大，则可能会检测到不相关的运动。

- "查看搜索区域"复选框：用于指示Roto笔刷算法的搜索区域。勾选该复选框后，速度较慢但更准确，涵盖了更多区域。

- "启用经典控件"复选框：此功能仅在设置版本为"2.0"时可用，能更好地控制传播和更多边缘详细信息。

- 运动阈值：用于设置运动水平。该水平以下的运动视为无运动，搜索区域收缩为无。

- 运动阻尼：用于影响被视为有运动的区域。当数值增加时，搜索区域收紧，慢速运动区域比快速运动区域收得更紧。

- "边缘检测"下拉列表框：用于确定当前帧前景和背景之间的边缘，可选择"预测边缘优先""平衡""当前边缘优先"选项。

- "使用备选颜色估计"复选框：勾选该复选框，可改变Roto笔刷用来判断什么是前景、什么是背景的过程。

- "反转前台/后台"复选框：勾选该复选框，可反转前景区域和背景区域。

- "微调Roto笔刷遮罩"复选框：勾选该复选框，可对Roto笔刷遮罩、边缘遮罩等进行微调。

- 羽化：用于设置前景边缘的羽化程度。

- 对比度：用于设置在寻找匹配像素时前景边缘与背景的对比度。

- 移动边缘：用于设置将前景边缘向内收缩或向外扩散。为正值时向外扩散，为负值时则向内收缩。

- 减少震颤：增大该值可减少逐帧移动前景边缘的不规则更改。

- "使用运动模糊"复选框：勾选该复选框，可用运动模糊渲染遮罩，通过调整每帧样本、快门角度等参数，产生更干净的边缘。

- "净化边缘颜色"复选框：勾选该复选框，可激活"净化"栏，通过调整"净化"栏中的净化数量、增加净化半径等参数，净化边缘像素的颜色。

（3）使用边缘调整工具

抠取视频中的一些毛发等细节部分时，可配合使用边缘调整工具。该工具类似于Photoshop中的"选择并遮住"命令，使用方法为：选择边缘调整工具，调整至合适的笔刷大小（与Roto笔刷工具调整笔刷大小方法一致），然后对边缘部分进行绘制，画笔颜色为深蓝色，释放鼠标后，绘制的细节部分显示为黑色，如图7-37所示。返回"合成"面板可查看抠取效果，抠取前后的对比效果如图7-38所示。如果对效果不满意，可再返回"图层"面板进一步调整。

图7-37　绘制边缘细节　　　　　　　　　　图7-38　抠取前后的对比效果

技能提升

　　进行抠像操作时，仅依靠抠像效果可能并不能解决问题，因而需要搭配使用蒙版功能。蒙版可以看作通过在图层上添加一组矢量轮廓路径，在Alpha通道中对蒙版范围内的区域进行遮挡或显示，从而达到抠像的目的。同时，蒙版范围内的区域可以通过"时间轴"面板中的蒙版属性进行调整。

　　请扫描右侧的二维码，详细了解在AE中新建蒙版、调整蒙版属性、蒙版运算的相关知识，然后利用蒙版进行抠像练习。

扫码看详情

7.3

跟踪特效

　　跟踪特效就是在视频画面中跟踪局部内容，并用新内容进行替换，或者直接添加新内容，是AE中非常常用的特效。

7.3.1 课堂案例——为女装视频添加跟踪字幕条

　　案例说明：某专营女装的商家拍摄了一个女装搭配视频，现需要根据视频中模特的穿着添加字幕条。要求字幕条能够跟随人物动作发生相应的位置变化，参考效果如图7-39所示。

　　知识要点：跟踪运动。

　　素材位置：素材\第7章\女装.mp4

　　效果位置：效果\第7章\为女装视频添加跟踪字幕条.aep

高清视频

图7-39 参考效果

　　其具体操作步骤如下。

　　步骤 1 新建项目文件，将视频素材导入"项目"面板中，然后将其拖曳到"时间轴"面板中，基于该素材创建合成。

　　步骤 2 选择【窗口】/【跟踪器】命令，打开"跟踪器"面板，单击 跟踪运动 按钮，此时"合成"面板中会出现一个跟踪点，如图7-40所示。

视频教学：
为女装视频添加
跟踪字幕条

步骤 **3** 选择选取工具 ，将鼠标指针放置在跟踪点上，当鼠标指针变为 形状时进行拖曳，将跟踪点位置移动到模特的上衣图标中，如图7-41所示。

步骤 **4** 将鼠标指针放置在跟踪点的边角点，当鼠标指针变为 形状时进行拖曳，调整跟踪点的大小，如图7-42所示。

🔔 **提示**

注意：跟踪点要尽量选择与周围环境的明暗、颜色、饱和度、形状等对比强烈的点。

  图 7-40 出现跟踪点   图 7-41 移动跟踪点位置   图 7-42 调整跟踪点的大小

步骤 **5** 在"跟踪器"面板中单击"向前分析"按钮 ，此时在"图层"面板中会自动跟踪点在画面中的位移情况。当跟踪到0:00:01:17处时，发现模特的上衣图标随着模特的转身动作消失，如图7-43所示。此时需按空格键暂停跟踪。

步骤 **6** 将时间指示器移动到视频开始位置，使用横排文字工具 在"合成"面板中输入文字"白色内搭"，并设置文字颜色为"#906344"、字体为"方正兰亭中黑简体"，使用矩形工具 在文字下方绘制两条与文字颜色一致的线条作为装饰，效果如图7-44所示。

步骤 **7** 将除视频图层外的所有图层预合成，设置预合成图层名称为"文字"，选择"文字"预合成图层，使用向后（平移）锚点工具 调整"文字"预合成图层的锚点，如图7-45所示。

图 7-43 模特的上衣图标消失 图 7-44 输入文字和绘制线条 图 7-45 调整"文字"预合成图层的锚点

步骤 **8** 选择视频图层，在"跟踪器"面板中单击 编辑目标 按钮，打开"运动目标"对话框，将自动选择目标图层为"1.文字"图层，单击 确定 按钮，在"跟踪器"面板中单击 应用 按钮，在弹出的提示框中再次单击 确定 按钮。

步骤 **9** 在"项目"面板中选择"文字"合成，按【Ctrl+D】组合键复制，然后将其拖曳到"时间轴"面板中，双击打开"文字2"合成，修改文字为"毛衣外套"，最后调整矩形和文字的位置。

步骤 **10** 返回"女装"合成，调整锚点位置，如图7-46所示。选择视频图层，单击"跟踪器"面板中的 跟踪运动 按钮，在"图层"面板中调整第2个跟踪点的大小和位置，如图7-47所示。

步骤 **11** 在"跟踪器"面板中单击"向前分析"按钮 进行跟踪，并在0:00:01:17处停止跟踪，查看跟踪路径如图7-48所示。

步骤 **12** 在"跟踪器"面板中编辑第2个跟踪器的运动目标为"1.文字2"图层，然后在"时间轴"面板中设置两个文字预合成图层的出点为0:00:01:16。最后按【Ctrl+S】组合键保存文件，并设置名称为"为女装视频添加跟踪字幕条"。

图7-46　调整锚点位置

图7-47　调整第2个跟踪点

图7-48　查看跟踪路径

7.3.2　跟踪运动

跟踪运动通过手动设置将运动的跟踪数据应用于另一个对象。需要注意的是，在进行跟踪运动时，画面中需要有运动的物体。

1. 使用跟踪运动

使用跟踪运动的操作方法主要有3种，一种是在"时间轴"面板中选择视频素材，在菜单栏中选择【动画】/【跟踪运动】命令；另一种是在"合成"面板或"时间轴"面板中的视频素材上单击鼠标右键，在弹出的快捷菜单中选择【跟踪和稳定】/【跟踪运动】命令；最后一种是在菜单栏中选择【窗口】/【跟踪器】命令，打开"跟踪器"面板，然后单击其中的 跟踪运动 按钮。

2. 设置和调整跟踪点

跟踪点用于指定跟踪区域，AE在进行跟踪运动时会通过跟踪点将一帧中所选区域的像素和后续每个帧中的像素加以匹配。在跟踪运动时，AE会在"合成"面板中显示出一个跟踪线框。一个跟踪点主要包含一个特征区域、一个搜索区域和一个附加点，如图7-49所示。

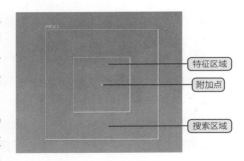
图7-49　跟踪点

- 特征区域：用于定义跟踪的像素范围，记录当前特征区域的像素（尽量选择特征明显的元素），以保证AE在整个跟踪持续期间都能够以该特征为核心清晰地识别。

- 搜索区域：用于定义下一帧的跟踪范围。搜索区域的位置和大小取决于所跟踪目标的运动方向、偏移的大小和快慢，跟踪目标的运动速度越快，搜索区域就应该越大。

- 附加点：用于指定目标的附加位置。默认的附加点位于特征区域的中心。

设置运动跟踪时，经常需要通过调整特征区域、搜索区域和附加点来达到需要的效果。下面介绍一些常用操作。

- 仅移动附加点位置：选择选取工具 ，将鼠标指针放置在附加点上（鼠标指针形状为 ），然后按住鼠标左键并拖曳鼠标，可仅移动附加点位置。

- 同时移动搜索区域和特征区域：选择选取工具 ，将鼠标指针放置在搜索区域或特征区域（除了边角点和边框位置）并拖曳鼠标（鼠标指针形状为 ），可同时移动整个跟踪点的位置；若在移动时按住【Alt】键（鼠标指针形状为 ），可同时移动搜索区域和特征区域。

- 只移动搜索位置：选择选取工具 ，将鼠标指针放置在搜索区域边框并拖曳鼠标（鼠标指针形状为 ），可只移动搜索区域的位置，如图7-50所示。

- 调整搜索区域或特征区域的大小：选择选取工具 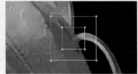，将鼠标指针放置在搜索区域或特征区域4个边角点并拖曳鼠标（鼠标指针形状为 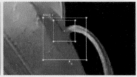），可调整搜索区域或特征区域的大小，如图7-51所示。

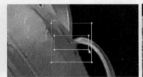

图 7-50 只移动搜索区域位置 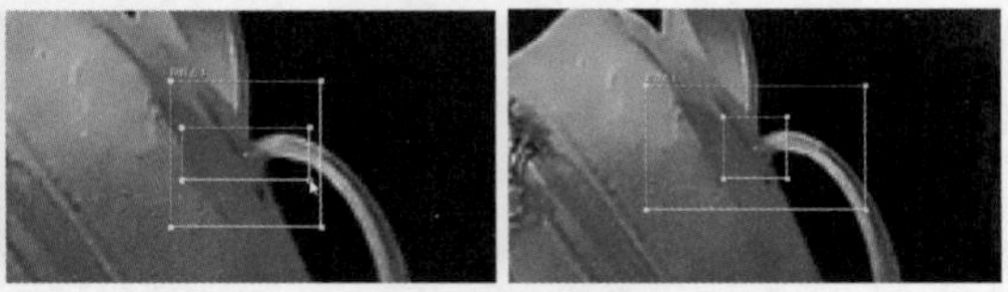　　　　　图 7-51 调整搜索区域或特征区域的大小

3. 分析应用跟踪数据

跟踪点设置完成后，就可以分析视频在"跟踪器"面板中应用的跟踪数据，如图7-52所示。"跟踪器"面板中部分选项介绍如下。

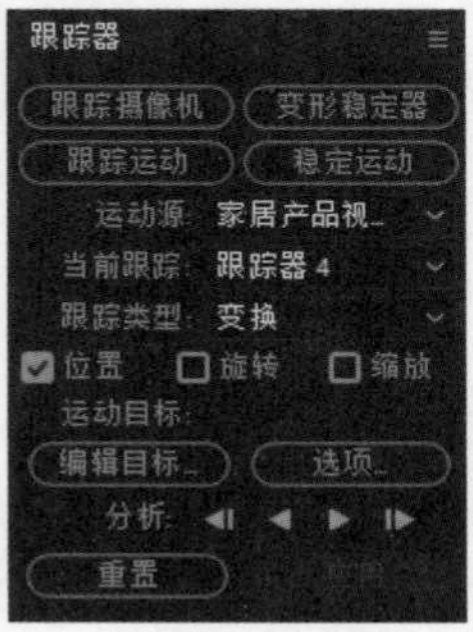

- **跟踪摄像机** 按钮：用于根据视频中的画面运动，反求原始摄像机的运动数据。

- **变形稳定器** 按钮：用于消除因摄像机移动造成的抖动问题，从而可将摇晃的手持拍摄素材变得更为稳定、流畅。

- **跟踪运动** 按钮：用于获取某个素材在画面中的运动数据。

- **稳定运动** 按钮：手动设置跟踪点后，单击该按钮，AE会让整体画面进行移动，从而保证跟踪点相对稳定。

图 7-52 "跟踪器"面板

- "运动源"下拉列表框：用于指定要跟踪的运动的图层。

- "当前跟踪"下拉列表框：用于在该下拉列表框中选择当前的跟踪器，然后修改该跟踪器。

- "跟踪类型"下拉列表框：用于选择需要的跟踪类型。不同的跟踪类型，在"图层"面板中跟踪点的数量以及跟踪数据应用于目标的方式也会不同。

- "位置""旋转""缩放"复选框：用于指定为目标图层生成的关键帧类型。默认勾选"位置"复选框，即当前跟踪为一点跟踪，只跟踪位置。

- **编辑目标** 按钮：用于打开"运动目标"对话框，在其中可更改目标（AE会自动将紧靠在运动源图层上方的那个图层设置为运动目标）。若在"跟踪类型"下拉列表框中选择"原始"选项，则没有目标与跟踪器相关联，该项将会被禁止。

- **选项** 按钮：用于打开"动态跟踪器选项"对话框，如图7-53所示。在其中可设置跟踪的一些详细参数，使跟踪更加精确。

- "分析"按钮组 ：用于对源素材中的跟踪点进行帧到帧的分析，包括4个按钮。"向后分析1个帧"按钮 ：通过返回到上一帧来分析当前帧；"向后分析"按钮 ：从当前时间指示器向前分析到视频持续时间的开始；"向前分析"按钮 ：从当前时间指示器向后分析到视频持续时间的结尾；"向前分析1个帧"按钮 ：通过前进到下一帧来分析当前帧。

图 7-53 "动态跟踪器选项"对话框

- **重置** 按钮：用于恢复特征区域、搜索区域和附加点的默认位置，以及删除当前所选跟踪中的跟踪数据。已应用于目标图层的跟踪器控制设置和关键帧将保持不变。

- ■■■■■ 按钮：用于将跟踪数据应用于指定的目标图层或效果控制点，AE会为目标图层创建关键帧。单击该按钮，将打开"动态跟踪器应用选项"对话框，"应用维度"下拉列表中有3个选项，其中"X和Y"（默认设置）选项表示允许沿水平和垂直两个轴运动，"仅X"选项表示将运动目标限定于水平运动，"仅Y"选项表示将运动目标限定于垂直运动。

4. 设置跟踪属性

使用跟踪运动后，AE会在"时间轴"面板中为图层创建一个跟踪器，每个跟踪器中都包含跟踪点，跟踪点中又包含多种跟踪属性，这些属性可在"运动跟踪器"属性组中进行查看与设置，如图7-54所示。

下面将介绍"时间轴"面板中的跟踪属性。

- 功能中心：用于设置特征区域的中心位置。
- 功能大小：用于设置特征区域的宽度和高度。
- 搜索位移：用于设置搜索区域中心相对于特征区域中心的位置。
- 搜索大小：用于设置搜索区域的宽度和高度。
- 可信度：AE会通过"可信度"报告有关每个帧的匹配程度的属性。一般来说，该项为默认即可，不需要修改。
- 附加点：用于设置目标图层或效果控制点的指定位置。
- 附加点位移：用于设置附加点相对于特征区域中心的位置。

图 7-54　"运动跟踪器"属性组

7.3.3 课堂案例——遮挡视频中的人物脸部

案例说明： 某视频博主拍摄了一段生活分享类视频，想要将其发布在网上。为保护隐私，需要遮挡视频中的人物脸部。制作时可使用蒙版的人脸跟踪功能，让遮挡脸部的表情包自动跟踪人物脸部移动，从而发生位置变化，参考效果如图7-55所示。

知识要点： 脸部跟踪。

素材位置： 素材\第7章\人物转身.mp4、表情包.png

效果位置： 效果\第7章\遮挡视频中的人物脸部.aep

高清视频

图 7-55　参考效果

其具体操作步骤如下。

步骤 1 新建项目文件，将"人物转身.mp4、表情包.png"素材导入"项目"面板中，然后将视频素材拖曳到"时间轴"面板中，基于素材新建合成。

步骤 2 将时间指示器移动到0:00:02:03处（人物脸部完全显现的画面），选中视频图层，选择椭圆工具 ■，在"合成"面板中人物脸部绘制椭圆，在"时间轴"面板中选择蒙版模式为"无"，如图7-56所示。

视频教学：
遮挡视频中的
人物脸部

步骤 3 选中视频图层，使用选取工具 在"合成"面板中调整蒙版位置和大小，如图7-57所示。

步骤 4 打开"跟踪器"面板，在"方法"下拉列表框中选择"脸部跟踪（详细五官）"选项，单击"向后跟踪所选蒙版"按钮，如图7-58所示。

图 7-56　选择蒙版模式

图 7-57　调整蒙版位置和大小

图 7-58　选择跟踪方法

步骤 5 跟踪到0:00:01:04处时停止跟踪，因为人物脸部逐渐消失，继续跟踪会导致跟踪效果不准确。将时间指示器移动到0:00:02:03处，单击"向前跟踪所选蒙版"按钮，直至跟踪到视频出点。

步骤 6 将"表情包.png"素材拖曳到"时间轴"面板中作为图层1，调整该图层的入点为0:00:01:04、缩放属性为"22%"，拖曳位置属性的"属性关联器"按钮到视频图层中"脸部跟踪点"选项下方的鼻尖属性上，设置父子级图层，如图7-59所示。

步骤 7 查看效果如图7-60所示。按【Ctrl+S】组合键保存文件，设置名称为"遮挡视频中的人物脸部"。

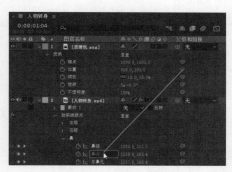

图 7-59　设置父子级图层

图 7-60　查看效果

7.3.4　蒙版跟踪和脸部跟踪

使用蒙版的跟踪功能可以分析和跟踪蒙版和人物脸部，跟随对象从一帧移动到另一帧，并且仅跟踪场景中的特定对象。

1. 蒙版跟踪

使用蒙版跟踪的操作方法比较简单，可在"时间轴"面板中选择蒙版，然后在所选蒙版上单击鼠标右键，在弹出的快捷菜单中选择"跟踪蒙版"命令（或者在菜单栏中选择【动画】/【跟踪蒙版】命令）。此时会自动打开"跟踪器"面板，如图7-61所示。

"跟踪器"面板的"分析"栏中的各选项与前文相同，这里不做过多介绍；在"方法"下拉列表中可以选择不同的跟踪方法来修改蒙版的位置、旋

图 7-61　"跟踪器"面板

转、缩放、倾斜和透视等。其中脸部跟踪是一种比较特殊的蒙版跟踪方法，因此下面将对其进行单独介绍。

2. 脸部跟踪

通过脸部跟踪，可以精确地检测和跟踪人脸上的特定点（如眼睛、嘴、鼻子和面颊），从而更精细地隔离和处理这些脸部特征。例如，更改眼睛的颜色、使眼睛或嘴巴张开等，而不必逐帧调整。

"跟踪器"面板的"方法"下拉列表框中有两个人脸跟踪选项。

● 脸部跟踪（仅限轮廓）：适用于仅跟踪人物的脸部轮廓。

● 脸部跟踪（详细五官）：适用于跟踪人物的眼睛（包括眉毛和瞳孔）、鼻子和嘴的位置，并需要提取各种特征的测量值。若选择该选项，"脸部跟踪点"效果将会应用于该图层，在"时间轴"面板和"效果控件"面板中都可看到应用该效果后的人脸跟踪数据。

需要注意的是，在进行脸部跟踪时，应尽量从人脸正面垂直视图的帧上开始分析，并且人脸上光线要充足，这样可提高人脸检测的精确度。

技能提升

在进行跟踪运动时，经常会遇到由各种原因导致的某个镜头画面抖动不稳的情况，这样可能会影响跟踪运动的效果。此时，便可以使用AE提供的稳定运动和变形稳定器功能来进行校正。其操作方法为：单击"跟踪器"面板中的 稳定运动 按钮，在"图层"面板中手动设置跟踪点后，AE会让画面整体进行移动，以保证跟踪点相对稳定，进而依次修正画面抖动不稳的问题；或单击"跟踪器"面板中的 变形稳定器 按钮，此时"合成"面板中会显示自动在后台分析的提示，分析完成后将按照默认设置自动进行稳定处理，从而使摇晃的拍摄素材变得更为稳定、流畅。

高清视频

尝试使用上述所讲的任意一种方法对提供的素材（素材位置：素材\第7章\抖动视频.mp4）进行稳定处理，参考效果如图7-62所示。

图7-62　参考效果

7.4 其他特效

AE中除了提供前面所讲的文字特效、抠像特效、跟踪特效外，还提供了一些其他的特效（与Premiere中相同的特效将不做介绍）。

7.4.1 课堂案例——制作人物出场定格特效

案例说明： 定格特效是在播放视频过程中瞬间停止画面的效果。现需要为某视频中人物的出场制作定格特效，同时还要对定格的画面进行美化处理，让观众能够将视觉重心集中在定格的画面中，参考效果如图7-63所示。

知识要点： 高斯模糊、画笔描边、卡通、描边、色调均化、照片滤镜、CC Light Wipe效果的运用。

素材位置： 素材\第7章\人物出场.mp4

效果位置： 效果\第7章\人物出场定格特效.aep

高清视频

图 7-63　参考效果

其具体操作步骤如下。

视频教学：
制作人物出场
定格特效

步骤 1 新建项目文件，将"人物出场.mp4"素材拖曳到"项目"面板中，然后将其拖曳到"合成"面板中，新建合成文件。

步骤 2 选择图层，按【Ctrl+D】组合键复制一层，作为定格图层。选择复制的图层，将时间指示器移动到0:25:25:16位置（人物定格的那一帧）。选择【图层】/【时间】/【冻结帧】命令，然后将该图层的入点设置为0:25:25:16。

步骤 3 选择复制的图层，然后选择钢笔工具 ✎，在"合成"面板中将人物大致轮廓抠取出来。

步骤 4 在"时间轴"面板中单击鼠标右键，在弹出的快捷菜单中选择【新建】/【调整图层】命令，新建一个调整图层，并将该图层移动到两个视频图层中间，然后将调整图层的入点时间与复制的视频图层的入点时间设置为一致。

步骤 5 在"效果和预设"面板中展开"模糊和锐化"特效组，将其中的"高斯模糊"效果拖曳到调整图层中，然后在"效果控件"面板中调整参数，如图7-64所示。

步骤 6 在"效果和预设"面板中展开"风格化"特效组，将其中的"画笔描边"效果拖曳到复制的视频图层中，然后在"效果控件"面板中调整参数，如图7-65所示。

步骤 7 将"风格化"特效组中的"卡通"效果拖曳到复制的视频图层中，然后在"效果控件"面板中调整参数，如图7-66所示。

图 7-64　调整"高斯模糊"效果参数　　图 7-65　调整"画笔描边"效果参数　　图 7-66　调整"卡通"效果参数

步骤 8　在"效果和预设"面板中展开"生成"特效组，将其中的"描边"效果拖曳到复制的视频图层中，然后在"效果控件"面板中调整画笔大小为"5"，使人物轮廓更加清晰，效果如图7-67所示。

步骤 9　此时人物不够突出，可在"效果和预设"面板中展开"颜色校正"特效组，将其中的"色调均化"效果和"照片滤镜"效果拖曳到复制图层中，效果如图7-68所示。

步骤 10　在"时间轴"面板中展开复制的视频图层下的"变换"栏，激活位置和缩放属性，将时间指示器移动到0:25:26:07位置，调整位置和缩放参数，如图7-69所示。

图 7-67　查看描边效果　　　　图 7-68　查看调色效果　　　　图 7-69　调整位置和缩放参数

步骤 11　新建形状图层，在"合成"面板中绘制一个白色的矩形，并将矩形置于人物下方，设置该图层的入点为0:25:26:07，作为人物介绍字幕的背景，效果如图7-70所示。

步骤 12　新建文字图层，在"字符"面板中设置字体为"方正综艺简体"、字体大小为"110像素"、字体颜色为"#170000"，接着在绘制的白色矩形中输入文字"本期嘉宾"，效果如图7-71所示。

步骤 13　选中文字图层，按【Ctrl+D】组合键复制，隐藏"本期嘉宾"文字图层，修改复制的文字图层的文字内容、字体和字体大小，效果如图7-72所示。

图 7-70　绘制白色矩形　　　　　图 7-71　输入文字　　　　　　图 7-72　修改文字

步骤 14　修改"本期嘉宾"文字图层的入点为0:25:26:07，修改另一个文字图层的入点为0:25:29:10，然后显示"本期嘉宾"文字图层。

步骤 15　选中"本期嘉宾"文字图层，将时间指示器移动到0:25:26:07处。在"效果和预设"面板中展开"过渡"特效组，将其中的"CC Light Wipe"效果拖曳到该文字图层中，在"效果控件"面板中激活"Completion"属性，并设置该属性的参数为"76%"，将时间指示器移动到0:25:27:22处，设置该属性的参数为"0%"，将时间指示器移动到0:25:29:09处，设置该属性的参数为"76%"。

步骤 16　选中"本期嘉宾"文字图层，按【U】键展开关键帧属性，选择3个关键帧，按【Ctrl+C】组合键复制，选中另一个文字图层，按【Ctrl+V】组合键粘贴。

步骤 17　按【Ctrl+K】组合键打开"合成设置"对话框，在其中修改持续时间为0:00:10:00，单击 确定 按钮。最后按【Ctrl+S】组合键保存文件，并设置名称为"人物出场定格特效"。

7.4.2 课堂案例——制作励志特效视频

案例说明： 某短视频平台准备制作一个励志视频，但收集到的视频色调为黑白色，效果不美观，不符合积极、乐观的主题。现需要对视频进行调色处理，并适当调整视频的对比度、曝光度、亮度，以提高视频的美观度，然后添加主题文字，并为文字的出现添加过渡效果，参考效果如图7-73所示。

高清视频

知识要点： 三色调、亮度与对比度、曝光度、渐变擦除效果的应用。

素材位置： 素材\第7章\背景.mp4

效果位置： 效果\第7章\励志特效视频.aep

图 7-73　参考效果

其具体操作步骤如下。

步骤 1 新建项目文件，将"背景.mp4"素材导入"项目"面板中，然后将其拖曳到"时间轴"面板中，基于素材新建合成。打开"效果和预设"面板，展开"颜色校正"特效组，将"三色调"效果应用到视频图层中。

步骤 2 在"效果控件"面板中单击"中间调"属性右侧的色块，在打开的"中间调"对话框中设置颜色为"#C76540"，然后单击 **确定** 按钮，在"合成"面板中可看到视频颜色已经发生了变化。调色前后的对比效果如图7-74所示。

视频教学：
制作励志特效
视频

步骤 3 将"颜色校正"特效组中的"亮度和对比度"效果应用到视频图层中，在"效果控件"面板中设置对比度为"80"，在"合成"面板中查看效果如图7-75所示。

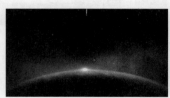  

图 7-74　调色前后的对比效果　　　　　　　　图 7-75　查看效果

步骤 4 将"颜色校正"特效组中的"曝光度"效果应用到视频图层中，在"效果控件"面板中激活"曝光度"属性关键帧，并调整该属性的参数为"-14"，如图7-76所示。

步骤 5 将时间指示器移动到0:00:02:00处，调整"曝光度"属性为"0.09"。将时间指示器移动到0:00:01:08处，输入文字"汗水成就光芒 奋斗成就荣耀"，然后设置文字字体为"方正正纤黑简体"、字体大小为"60像素"、间距为"381"，调整文字位置如图7-77所示。

步骤 6 调整文字图层的入点为0:00:02:00，然后为文字图层添加"过渡"特效组中的"渐变擦除"效果，在"效果控件"面板中激活"过渡完成"属性关键帧，并调整该属性的参数为"100%"，接着调整"过渡柔和度"属性参数为"100%"，如图7-78所示。

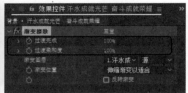

图 7-76 调整"曝光度"效果参数　　图 7-77 输入并调整文字　　图 7-78 调整"渐变擦除"效果参数

步骤 7 将时间指示器移动到0:00:04:00处,在"效果控件"面板中调整"过渡完成"属性参数为"0%"。最后按【Ctrl+S】组合键保存文件,并设置名称为"励志特效视频"。

7.4.3 课堂案例——制作年会开场特效视频

案例说明: 某企业准备召开一年一度的年终总结大会,现需要制作一个年会开场特效视频。要求视频风格大气,配色为金色、红色,并且还要有震撼的粒子、光晕特效,文字能够出现破碎的特效,参考效果如图7-79所示。

知识要点: 四色渐变、分形杂色、CC Particle World、摄像机镜头模糊、CC Star Burst、发光、极坐标、高斯模糊、CC Pixel Polly效果的应用。

素材位置: 素材\第7章\文字.png

效果位置: 效果\第7章\年会开场特效视频.aep

高清视频

图 7-79 参考效果

其具体操作步骤如下。

步骤 1 新建项目文件,再新建一个大小为"1920像素×1080像素"、持续时间为0:00:08:00、名称为"背景"的合成文件。

步骤 2 在"时间轴"面板中单击鼠标右键, 在弹出的快捷菜单中选择【新建】/【纯色】命令,打开"纯色设置"对话框,单击颜色色块,在打开的"纯色"对话框中设置颜色为"#FFFFFF",然后单击 确定 按钮,再单击 确定 按钮,新建白色纯色图层。

视频教学:制作年会开场特效视频

步骤 3 打开"效果和预设"面板,展开"生成"特效组,选择其中的"四色渐变"效果,将其拖曳到纯色图层中,在"效果控件"面板中调整4个点的颜色分别为"#350B00""#B04427""#6A2310""#430F01",如图7-80所示。

步骤 4 按照与步骤2相同的方法新建白色纯色图层,并对其应用"杂色和颗粒"特效组中的"分形杂色"效果,在"效果控件"面板中设置相关参数,并激活"偏移(湍流)"和"演化"关键帧,如图7-81所示。

步骤 5 将时间指示器移动到出点,调整"偏移(湍流)"和"演化"属性,如图7-82所示。

图7-80　调整"四色渐变"效果参数　图7-81　调整"分形杂色"效果参数　　图7-82　调整效果属性

步骤 **6** 将第2个纯色图层的混合模式设置为"颜色减淡"、不透明度属性设置为"60%"，使其更好地融入背景中。

步骤 **7** 按照与步骤2相同的方法新建白色纯色图层，并重命名为"粒子"，将"模拟"特效组中的"CC Particle World"效果应用到该纯色图层中，在"效果控件"面板中展开"Producer"栏，在其中设置相关参数，改变粒子发射方式，如图7-83所示。

步骤 **8** 在"效果控件"面板中展开"Physics"栏，在其中设置相关参数，改变粒子速度和密度，如图7-84所示。

步骤 **9** 在"效果控件"面板中展开"Particle"栏，在其中设置相关参数，改变粒子类型、大小等，如图7-85所示。

图7-83　调整"Producer"属性参数　图7-84　调整"Physics"属性参数　图7-85　调整"Particle"属性参数

步骤 **10** 将"模糊和锐化"特效组中的"摄像机镜头模糊"效果应用到粒子图层中，在"效果控件"面板中设置模糊半径为"10"，在"合成"面板中查看效果如图7-86所示。

步骤 **11** 为了让粒子的层次更加丰富，可以再为其添加不同效果的粒子。按照与步骤2相同的方法新建白色纯色图层，并重命名为"粒子"，将"模拟"特效组中的"CC Star Burst"效果应用到该图层中，在"效果控件"面板中设置相关参数，如图7-87所示。

步骤 **12** 将"风格化"特效组中的"发光"效果应用到第2个粒子图层中，在"效果控件"面板中设置相关参数，如图7-88所示。

步骤 **13** 在"时间轴"面板中设置两个"粒子"图层的混合模式均为"经典颜色减淡"。

步骤 **14** 新建名为"光束"、背景颜色为"黑色"的合成。在"光束"合成中新建白色纯色图层，将"分形杂色"效果应用到该图层中，在"效果控件"面板中设置参数，激活"偏移（湍流）"和"演化"关键帧，如图7-89所示。

图 7-86　查看效果

图 7-87　设置 "CC Star Burst" 效果参数

图 7-88　设置 "发光" 效果参数

步骤 15　将时间指示器移动到视频结束位置，调整偏移（湍流）为 "2000，540"，演化为 "5x+0.0°"。

步骤 16　选择纯色图层，并添加一个 "扭曲" 特效组中的 "极坐标" 效果和 "模糊和锐化" 特效组中的 "高斯模糊" 效果，在 "效果控件" 面板中设置相关参数，如图7-90所示。

步骤 17　在 "时间轴" 面板中展开该图层的 "变换" 属性栏，设置其中的锚点、位置、缩放、旋转、不透明度等属性的参数，如图7-91所示。

图 7-89　设置 "分形杂色" 效果参数

图 7-90　设置 "极坐标" 和 "高斯模糊" 效果参数

图 7-91　设置变换属性

步骤 18　返回 "背景" 合成，将 "项目" 面板中的 "光束" 合成拖曳到该合成中，并调整 "光束" 合成的图层混合模式为 "颜色减淡"、不透明度属性为 "50%"，使其与下面的图层更加融合。

步骤 19　将 "文字.png" 素材导入 "项目" 面板中，然后将其移动到 "背景" 合成中作为图层的最上方，调整文字素材的缩放属性为 "50%"。

步骤 20　为文字素材所在的图层添加 "模拟" 特效组中的 "CC Pixel Polly" 效果，在 "效果控件" 面板中调整参数，如图7-92所示。

步骤 21　在 "合成" 面板中可预览文字的破碎效果，查看最终效果如图7-93所示。最后按【Ctrl+S】组合键保存文件，并设置名称为 "年会开场特效视频"。

图 7-92　设置 "CC Pixel Polly" 效果参数

图7-93　查看最终效果

7.4.4　调色特效

调色是AE中非常重要的功能，也是视频后期制作中的"重头戏"，用于校正画面色调、强调画面氛围，从而烘托主题。AE中的调色特效主要集中在"效果和预设"面板的"颜色校正"特效组中，这里主要介绍一些在AE中常用的调色效果。

- "三色调"效果：该效果可将画面中的高光、阴影和中间调设置为不同的颜色，从而使画面变为只有3种颜色的效果。应用该效果前后的对比效果如图7-94所示。
- "CC Color Neutralizer"（颜色中和剂）效果：该效果可以分别对画面中高光、阴影、中间调区域的颜色进行设置与中和。应用该效果前后的对比效果如图7-95所示。

图7-94　应用"三色调"效果前后的对比效果　　图7-95　应用"CC Color Neutralizer"效果
前后的对比效果

- "CC Color Offset"（色彩偏移）效果：该效果基于通道可使红色、绿色、蓝色分别出现相位偏移，从而产生极端的色彩效果。应用该效果前后的对比效果如图7-96所示。
- "CC Toner"（调色剂）效果：该效果将各种颜色映射到图层的不同亮度区域，常用于制作双色调、三色调图像。应用该效果前后的对比效果如图7-97所示。

图7-96　应用"CC Color Offset"效果前后的对比效果　　图7-97　应用"CC Toner"效果前后的对比效果

- "照片滤镜"效果：该效果可以为图像添加滤镜效果，使其产生某种颜色的偏色效果，与Photoshop中的照片滤镜命令作用大致相同。应用该效果前后的对比效果如图7-98所示。
- "色调"效果／"色调均化"效果："色调"效果与Premiere中的"色彩"效果作用相同，"色调均化"效果与Premiere中的"均衡"效果作用相同。
- "色相/饱和度"效果：该效果可调整画面中各个通道的色彩、饱和度和亮度。应用该效果前后的对比效果如图7-99所示。

图 7-98 应用"照片滤镜"效果前后的对比效果　　　　图 7-99 应用"色相/饱和度"效果前后的对比效果

7.4.5 过渡特效

与在Premiere中一样，在AE中也可以为视频添加过渡特效。AE"效果和预设"面板的"过渡"特效组中提供了多种过渡效果，可以随时进行添加、编辑等操作。下面主要介绍一些在AE中常用的过渡效果。

● "卡片擦除"效果：该效果可以使图层生成一组卡片，然后以翻转的形式显示每张卡片的背面。应用该效果前后的对比效果如图7-100所示。

● "CC Glass Wipe（玻璃擦除）"效果：该效果可以模拟玻璃的材质对图层进行擦除。应用该效果前后的对比效果如图7-101所示。

图 7-100 应用"卡片擦除"效果前后的对比效果　　　图 7-101 应用"CC Glass Wipe"效果前后的对比效果

● "CC Grid Wipe（网格擦除）"效果：该效果可以将图层以某个点为中心，划分成多个方格进行擦除。应用该效果前后的对比效果如图7-102所示。

● "CC Light Wipe（照明式擦除）"效果：该效果可以照明的形式对图层进行擦除。应用该效果前后的对比效果如图7-103所示。

图 7-102 应用"CC Grid Wipe"效果前后的对比效果　　　图 7-103 应用"CC Light Wipe"效果前后的对比效果

● "CC Line Sweep（光线扫描）"效果：该效果可以光线扫描的形式对图层进行擦除。应用该效果前后的对比效果如图7-104所示。

● "CC Radial ScaleWipe（径向缩放擦除）"效果：该效果可以某个点来径向扭曲图层进行擦除。应用该效果前后的对比效果如图7-105所示。

● "CC Twister（龙卷风）"效果：该效果可以对图层进行龙卷风样式的扭曲变形，从而实现过渡效果。应用该效果前后的对比效果如图7-106所示。

● "光圈擦除"效果：该效果可使图层以指定的某个点进行径向过渡。应用该效果前后的对比效果如图7-107所示。

图7-104 应用"CC Line Sweep"效果前后的对比效果

图7-105 应用"CC Radial ScaleWipe"效果前后的对比效果

图7-106 应用"CC Twister"效果前后的对比效果

图7-107 应用"光圈擦除"效果前后的对比效果

7.4.6 特殊特效

在AE中，除了可以添加定格、调色、过渡3种特效外，还可以添加如马赛克、模糊，模拟下雪、下雨等一些其他的特殊效果，它们主要分布在扭曲、杂色和颗粒、模拟、模糊和锐化、生成、透视、风格化这7个特效组中。由于特效较多，并且部分特效与Premiere中的特效相同，这里只介绍在AE中比较常用的特殊特效。

1. "扭曲"特效组

该特效组中包括37个效果，但常用的主要有以下8个。

- "贝塞尔曲线变形"效果：该效果可以通过调整图像中各控制点的位置来改变图像的形状。应用该效果前后的对比效果如图7-108所示。
- "CC Bender（卷曲）"效果：该效果可以利用两个控制点对图像进行特定方向的扭曲，以实现画面的弯曲效果。应用该效果前后的对比效果如图7-109所示。

图7-108 应用"贝塞尔曲线变形"效果前后的对比效果

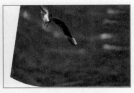

图7-109 应用"CC Bender"效果前后的对比效果

- "CC Blobbylize（融化）"效果：该效果可以使画面产生融化效果。应用该效果前后的对比效果如图7-110所示。
- "CC Page Turn（卷页）"效果：该效果可以使画面产生翻页效果。应用该效果前后的对比效果如图7-111所示。
- "CC Ripple Pulse（波纹扩散）"效果：该效果可以模拟波纹扩散效果。需要注意的是，应用该效果时，必须添加关键帧才能发生变化。
- "网格变形"效果：该效果可以在图像中添加网格，然后通过拖曳网格点来变形图像。应用该效果前后的对比效果如图7-112所示。

● "极坐标"效果：该效果可以产生由图像旋转拉伸所带来的极限效果。应用该效果前后的对比效果如图7-113所示。

图 7-110 应用 "CC Blobbylize" 效果前后的对比效果　　图 7-111 应用 "CC Page Turn" 效果前后的对比效果

图 7-112 应用 "网格变形" 效果前后的对比效果　　　图 7-113 应用 "极坐标" 效果前后的对比效果

● "边角定位"效果：该效果可以通过改变画面4个边角的坐标位置对图像进行拉伸、扭曲等操作。

2. "杂色和颗粒"特效组

该特效组中包括12个效果，但常用的只有"分形杂色"特效。该效果可以创建基于分形的图案，常用于模拟一些自然动态效果，如烟尘、云雾、火焰等，是视频后期制作中较为常用的一个视频特效。

3. "模拟"特效组

该特效组中包括18个效果，但常用的主要有以下7个。

● "CC Drizzle（细雨）"效果：该效果可以模拟雨滴落入水面产生的涟漪。应用该效果前后的对比效果如图7-114所示。

● "CC Bubbles（气泡）"效果：该效果可以制作出气泡效果。应用该效果前后的对比效果如图7-115所示。

图 7-114 应用 "CC Drizzle" 效果前后的对比效果　　图 7-115 应用 "CC Bubbles" 效果前后的对比效果

● "CC Particle World（粒子仿真世界）"效果：该效果可以产生大量运动的粒子，并可设置粒子的颜色、形状、产生方式等参数。应用该效果前后的对比效果如图7-116所示。

● "CC Pixel Polly（破碎）"效果：该效果可以将图层分成多边形，从而制作出画面的破碎效果。应用该效果前后的对比效果如图7-117所示。

● "CC Rainfall（下雨）"效果：该效果可以模拟出具有折射和运动模糊的降雨效果。应用该效果前后的对比效果如图7-118所示。

● "CC Snowfall（下雪）"效果：该效果可以模拟出具有深度、光效和运动模糊的降雪效果。应用该效果前后的对比效果如图7-119所示。

● "CC Star Burst（星爆）"效果：该效果可以模拟出星团效果。

图 7-116 应用"CC Particle World"效果前后的对比效果　　图 7-117 应用"CC Pixel Polly"效果前后的对比效果

图 7-118 应用"CC Rainfall"效果前后的对比效果　　　图 7-119 应用"CC Snowfall"效果前后的对比效果

4. "模糊和锐化"特效组

该特效组中包括16个效果，但常用的锐化、摄像机镜头模糊、定向模糊、高斯模糊等效果在Premiere中都有相同的特效，因此这里不做介绍。除此之外，该效果组中的"径向模糊"效果可以围绕任意一点创建模糊效果，从而模拟出推拉或旋转摄像机的效果。

5. "生成"特效组

该特效组中包括26个效果，但常用的主要有以下4个。

- "CC Light Burst 2.5（光线爆裂）"效果：该效果可以模拟出强光放射效果，也可使图像产生光线爆裂的透视效果。应用该效果前后的对比效果如图7-120所示。
- "CC Light Sweep（扫光）"效果：该效果可以模拟出光束照射在图层上的扫光效果，并划分成多个方格进行擦除。应用该效果前后的对比效果如图7-121所示。

图 7-120 应用"CC Light Burst 2.5"效果前后的对比效果　　图 7-121 应用"CC Light Sweep"效果前后的对比效果

- "写入"效果：该效果可以将描边描绘到图层上，类似于Premiere中的"书写"效果。
- "描边"效果：该效果可以对蒙版轮廓进行描边。应用该效果前后的对比效果如图7-122所示。
- "梯度渐变"效果：该效果可以创建两种颜色的渐变，渐变形状有线性和径向两种。应用该效果（线性）前后的对比效果如图7-123所示。

图 7-122 应用"描边"效果前后的对比效果　　　　图 7-123 应用"梯度渐变"效果前后的对比效果

6. "透视"特效组

该特效组中包括10个效果，但常用的径向阴影、斜面Alpha、投影等效果在Premiere中都有相同的特效，因此这里不做介绍。除此之外，该效果组中的"3D 摄像机跟踪器"效果可以从视频中提取3D场景数据，在三维图层中较为常用，具体使用方法将在第8章进行介绍。

7. "风格化"特效组

该特效组中包括25个效果，但常用的主要有以下6个。

- "卡通"效果：该效果可以模拟出类似于草图或卡通的图像效果。应用该效果前后的对比效果如图7-124所示。
- "散布"效果：该效果可以使图像像素随机错位，从而制作出类似于毛玻璃质感的模糊效果。应用该效果前后的对比效果如图7-125所示。

图 7-124　应用"卡通"效果前后的对比效果　　　　图 7-125　应用"散布"效果前后的对比效果

- "CC Glass（玻璃）"效果：该效果可以模拟出玻璃、金属质感等效果。应用该效果前后的对比效果如图7-126所示。
- "CC HexTile（六边形拼帖）"效果：该效果可以模拟出六边形砖块拼贴效果。应用该效果前后的对比效果如图7-127所示。

图 7-126　应用"CC Glass"效果前后的对比效果　　　图 7-127　应用"CC HexTile"效果前后的对比效果

- "动态拼帖"效果：该效果可以将图像缩小并拼贴起来，模拟地砖拼贴效果，还可为其制作运动动画。
- "纹理化"效果：该效果可以将另一个图层的纹理添加到当前图层上，并进行强化。

技能提升

　　与在Premiere中一样，在AE中也可以安装各种外部插件，以便更快速、方便地制作出各种特效。其安装方法为（这里以Particular插件为例）：打开AE的安装路径，将"Particular.aex"安装文件复制到"Adobe After Effects 2022\Support Files\Plug-ins"文件夹中，然后重启AE，选中图层后，选择【效果】/【Trapcode】/【Particular】命令，在"效果控件"面板中可修改相应参数进行调整。尝试安装Particular插件并将其运用到自己的视频中，制作出丰富的粒子效果。

7.5 课堂实训

7.5.1 制作环境保护公益宣传片

1. 实训背景

为了让更多的人认识到环保事业不仅是全社会的事业，更是生活在地球上的每一个人的事业，某公益组织决定在"世界环境日"发布一个关于环境保护的公益广告，以提高公众对环保的重视度。要求时长为20秒左右，大小为"1920像素×1080像素"。

设计素养

公益宣传片不以营利为目的，是为社会提供免费服务的。例如，防火防盗、垃圾分类、敬老爱幼、环境保护等是常见主题。因此，在制作公益宣传片时，需注意以下两点要求：一是主题鲜明，在选择公益宣传片的主题时应具有针对性，要与公众的切身感受密切相关，这样才能引起公众关注，从而产生社会效益；二是公益宣传片的内容要具有号召力及感染力，要让公众深刻意识到公益宣传片所传达的诉求，从中得到警示与启发，最终实现公益宣传片的目的。

---

2. 实训思路

（1）新建合成和导入素材。制作前需要在AE中新建符合要求的合成文件，并导入所需素材。

（2）制作视频特效。为了让视频效果更丰富，可考虑为部分视频素材制作特效，如绿幕视频可制作抠像特效，对于偏色严重的视频可进行调色处理。调色前后的对比效果如图7-128所示。

（3）添加和丰富文字。为了体现视频主题，可在视频片头中添加主题文字，在片中添加说明性文字，在片尾中添加号召性和倡导性文字，也可以为部分文字制作文字特效。

本实训的参考效果如图7-129所示。

图 7-128　调色前后的对比效果

图 7-129　参考效果

高清视频

素材位置：素材\第7章\环保素材
效果位置：效果\第7章\环境保护公益宣传片.aep

3．步骤提示

步骤 1 新建项目文件，以及名称为"环境保护公益宣传片"、大小为"1920像素×1080像素"、持续时间为"0：00：20：00"、背景颜色为"白色"的合成文件。

步骤 2 将素材全部导入"项目"面板中，然后将"背景.jpg"素材拖曳到"合成"面板中，并调整大小和位置。将"镜头光晕"效果拖曳到"背景.jpg"图层中，在"效果控件"面板中调整光晕中心参数。

视频教学：
制作环境保护公
益宣传片

步骤 3 将"云雾.mp4"素材拖曳到"合成"面板中，然后为其添加"Keylight（1.2）"效果，在"效果控件"面板中单击"Screen Colour"选项中的吸管工具 吸取画面中的绿色。输入主题文字，并为主题文字添加颜色为"#369B67"、宽度为"20像素"的描边效果。

步骤 4 选择"绿叶素材.png"素材文件，并基于该素材新建合成文件。再次新建一个与"环境保护公益宣传片"合成大小相同的合成文件，并在该合成文件中新建一个黑色的纯色图层，然后将"绿叶素材"合成拖曳到新建的合成文件中，同时隐藏该图层。

步骤 5 将"CC Particle World"效果应用到纯色图层中，在"效果控件"面板中修改该效果的参数。返回"环境保护公益宣传片"合成，将"合成1"合成拖曳到"合成"面板中。

步骤 6 将所有的文字图层预合成，设置名称为"文字"。为"文字"预合成添加"径向擦除"过渡效果，在"效果控件"面板中利用"过渡完成"关键帧制作主题文字逐渐出现的动画效果。

步骤 7 将时间指示器移动到0：00：06：16处，将"关灯.mp4"素材拖曳到"时间轴"面板中，然后调整该素材的入点到时间指示器位置，并设置伸缩为"50%"。

步骤 8 将"回收垃圾.mp4"素材拖曳到"时间轴"面板中，然后调整该素材的入点为0：00：08：23、伸缩为"50%"；将"节约用水.mp4"素材拖曳到"时间轴"面板中，然后调整该素材的入点为0：00：11：09、缩放为"53%"、伸缩为"50%"；将"骑车.mp4"素材拖曳到"时间轴"面板中，然后调整该素材的入点为0：00：13：21、伸缩为"50%"。

步骤 9 为"关灯.mp4"素材添加"阴影/高光"效果；为"骑车.mp4"素材依次添加"照片滤镜"效果和"亮度和对比度"效果，并在"效果控件"面板中调整参数。

步骤 10 输入片中文字，并调整文字入点为0：00：06：16、出点为0：00：13：19。将时间指示器移动到0：00：06：16处，在"时间轴"面板中展开该文字图层的"文本"栏，激活"源文本"属性，依次将时间指示器移动到0：00：08：23、0：00：11：09处，然后修改文字内容。

步骤 11 利用"字符间距大小"动画属性调整文字间距，利用"模糊"动画属性关键帧制作文字的动画效果。输入片尾文字，调整文字入点为0：00：13：20，为文字添加"投影"效果，在"效果控件"面板中调整参数，最后保存名为"环境保护公益宣传片"的项目文件。

7.5.2 制作活动宣传片头特效

1．实训背景

为持续推进美丽乡村建设，某部门制作了一个以"建设美丽新家园"为活动主题的宣传片。现提供了一个背景视频，要求利用该视频在AE中制作一个视觉效果美观、大气的片头特效，视频时长在10秒左右。

2．实训思路

（1）抠取和调色视频。由于提供的背景视频中天空的颜色比较暗淡，效果不美观，因此需要选择合适的抠像方式为背景视频更换天空。同时，为了让整体画面色调更统一，还需要使用调整图层和调色类特效进行调色。调整前后的对比效果如图7-130所示。

（2）添加主题文字。为了突出主题，体现出大气、美观的特点，可考虑利用一些特效将主题文字制作成金属文字效果，并为文字添加过渡效果。

（3）添加其他文字和动画。除了主题文字外，还可考虑添加一些其他的说明性文字，并利用文字特效制作出文字的动画效果。

本实训的参考效果如图7-131所示。

图 7-130　调整前后的对比效果

高清视频

图 7-131　参考效果

素材位置： 素材\第7章\天空.mp4、旅行.mp4、纹理.jpg

效果位置： 效果\第7章\活动宣传片头特效.aep

3．步骤提示

步骤 1 新建项目文件，将素材全部导入"项目"面板中，然后选择"旅行.mp4"素材，将其拖曳到"合成"面板中新建合成文件。再将"天空.mp4"素材拖曳到"时间轴"面板中"旅行.mp4"素材下方。

步骤 2 双击"旅行.mp4"图层，在"图层"面板中使用Roto笔刷工具抠出除天空外的其余区域。返回"旅行"合成，调整"旅行.mp4""天空.mp4"图层的位置。

视频教学：
制作活动宣传
片头特效

步骤 3 新建调整图层，并将调整图层移动到两个视频图层上方，然后为调整图层添加"照片滤镜""阴影/高光""自动颜色"效果，使两个视频图层色调统一。

步骤 4 新建文字图层，输入主题文字，设置文字字体为"方正特雅宋_GBK"、颜色为"#2E1901"，然后将文字图层预合成，设置名称为"文字"。

步骤 5 将"纹理.jpg"素材拖曳到"时间轴"面板中"文字"预合成图层下方，调整至合适大小。为"纹理.jpg"图层添加"三色调"效果，在"效果控件"面板中调整"三色调"效果参数，最后将"纹理.jpg"图层预合成，设置名称为"纹理"。单击"时间轴"面板左下角的按钮，展开"转换控制"窗格，在"纹理"预合成图层的"TrkMat"栏中选择"Alpha遮罩'文字'"选项。

步骤 6 为"纹理"预合成图层依次添加"CC Glass""CC Blobbylize""曲线"效果，并在"效果控件"面板中调整参数。复制一个"文字"预合成图层，然后将其移动到"纹理"预合成图层下方，并调整位置属性，将其作为主题文字的阴影。

步骤 7 将除视频图层和调整图层外的其余所有图层预合成，调整该预合成图层的位置，再为其添加"线性擦除"效果，并在"效果控件"面板中调整参数和利用"过渡完成"关键帧制作主题文字逐渐出现的动画效果。

步骤 **8** 输入说明性文字，并利用"不透明度""字符间距大小""模糊"3个动画属性关键帧制作文字逐渐出现的动画效果。接着修改"旅行"合成的持续时间为10秒，最后保存名为"活动宣传片头特效"的项目文件。

7.6 课后练习

练习 1 制作霓虹灯故障文字片头特效

某时尚博主准备制作一个个性鲜明的自我介绍短视频，以吸引粉丝关注。现需要制作短视频的片头特效，要求为文字制作出霓虹灯的灯光效果，以及故障现象发生时视频出现的破碎、错位、变形等故障效果。在制作时，可先对背景素材进行调色，使氛围更浓厚，参考效果如图7-132所示。

高清视频

图 7-132 参考效果

素材位置： 素材\第7章\霓虹背景.png

效果位置： 效果\第7章\霓虹灯故障文字片头特效.aep

练习 2 制作城市形象宣传片

某视频制作公司要根据客户提供的素材制作一个城市形象宣传片，要求从美食的角度完成。在制作时，可利用各种视频特效让视频内容更加丰富、具有艺术气息，以塑造更好的城市形象，参考效果如图7-133所示。

高清视频

图 7-133 参考效果

素材位置： 素材\第7章\城市形象宣传片素材\食

效果位置： 效果\第7章\城市形象宣传片.aep

第 8 章　三维合成

　　AE的强大之处不仅在于可以制作出丰富的视频特效，还在于具备三维合成功能。在视频后期制作过程中，视频后期制作人员可以运用三维图层，以及各种摄像机、灯光来搭建三维场景，打造真实的空间效果，从而制作出视觉效果更加丰富的三维合成视频。

📖 学习目标
　　◎ 掌握三维图层的基本操作方法
　　◎ 掌握灯光、摄像机、跟踪摄像机的使用方法

✛ 素养目标
　　◎ 通过搭建三维场景，提高空间想象力
　　◎ 进一步探索三维合成在视频后期制作中的应用

◈ 案例展示

传统文化栏目片头

8.1

应用三维图层

三维是指在平面二维的基础上加入一个方向向量构成的空间系，即坐标轴会有3个轴（*X*轴、*Y*轴、*Z*轴，其中*X*表示左右空间，*Y*表示前后空间，*Z*表示上下空间）。三维图层则是一种具有三维属性的图层，是进行三维合成的关键。

8.1.1　课堂案例——制作立体盒子动画视频

案例说明： 某美食博主为丰富视觉效果，准备制作具有创意性的美食立体盒子展示视频。要求画面美观，通过依次展现糕点的图像来增强吸引力，大小为1280像素×720像素，持续时间为10秒，参考效果如图8-1所示。

高清视频

图8-1　参考效果

知识要点： 转换为三维图层、设置三维图层的基本属性。

素材位置： 素材\第8章\甜点图片

效果位置： 效果\第8章\立体盒子动画视频.aep

其具体操作步骤如下。

视频教学：
制作立体盒子动
画视频

步骤 1　新建项目文件，以及名称为"立体盒子"、大小为"1280像素×720像素"、持续时间为"0:00:10:00"、背景颜色为"白色"的合成文件。

步骤 2　新建名称为"1"、大小为"200像素×200像素"的合成文件，在"项目"面板中按【Ctrl+D】组合键复制5个"1"合成，然后分别在名称为"1~6"的合成文件中新建不同颜色的纯色图层。

步骤 3　将"项目"面板中名称为"1~6"的合成文件拖曳到"立体盒子"面板中，单击其中任意一个图层中的"3D图层"开关 ，将其全部转换为三维图层，如图8-2所示。

图 8-2　转换为三维图层

步骤 **4** 选中所有图层，按【A】键展开"锚点"属性，在全选图层的状态下，修改其中一个图层Z轴锚点的数值为"100"（为方形宽度一半的距离），按【Enter】键，所有图层Z轴锚点的数值均为"100"，如图8-3所示。

步骤 **5** 按【R】键展开"方向"属性，依次修改其中的属性值，如图8-4所示，使平面的四方形按锚点向四周旋转，围成一个正方形。

图8-3　设置图层Z轴锚点的数值

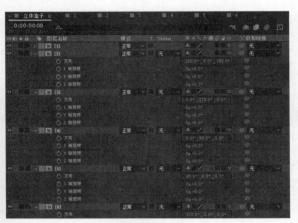

图8-4　修改属性参数

步骤 **6** 新建"空对象"图层，按照与步骤3相同的方法将该图层转换为三维图层，然后将其余预合成图层的父级关联器链接到"空对象"图层中，如图8-5所示。

步骤 **7** 在"时间轴"面板中展开"空对象"图层的"变换"栏，激活"X轴旋转""Y轴旋转""Z轴旋转"属性关键帧，将时间指示器移动到0:00:09:29处，修改属性参数，如图8-6所示。

图8-5　链接父子级图层

图8-6　修改属性参数

步骤 **8** 将"甜点图片"素材文件夹导入"项目"面板中，打开"1"合成，将"项目"面板中的"1.jpg"素材图片拖曳到"合成"面板中，调整图片的大小和位置，效果如图8-7所示。

步骤 **9** 使用与步骤8相同的方法依次将"2.jpg~6.jpg"素材图片拖曳到名称为"2~6"的合成文件中，并调整图片至合适大小和位置，效果如图8-8所示。按【Ctrl+S】组合键保存文件，设置名称为"立体盒子动画视频"。

图8-7　查看图片效果　　　　　　　　　　图8-8　查看其余图片效果

8.1.2 开启三维图层

AE中的三维合成是以平面的形式参与三维场景中的合成制作。也就是说，三维图层来源于二维图层。要在AE中进行三维合成，首先需要开启三维图层，即将普通的二维图层转换为三维图层。其操作方法为：在"时间轴"面板中单击二维图层（除音频图层外的图层）后的"3D图层"开关 ⊡，或选中图层后，选择【图层】/【3D 图层】命令，都可将其转换为三维图层。图8-9所示为开启三维图层前后的对比效果。

图 8-9 开启三维图层前后的对比效果

🔔 提示

在"时间轴"面板中关闭图层的"3D 图层"开关 ⊡，可将三维图层转换回二维图层。需要注意的是，将三维图层转换回二维图层时，将删除"Y 旋转""X 旋转""方向""材质选项"属性，以及这些属性中的所有参数、关键帧和表达式，且不能通过再次将该图层转换为三维图层来恢复这些数据。但"锚点""位置""缩放"属性与其关键帧和表达式依然存在，而 Z 轴上的值将被隐藏和忽略。

8.1.3 三维图层的基本属性

在AE中，二维图层只具有锚点、位置、缩放、旋转和不透明度这5个基本属性，并且只有X轴和Y轴两个方向上的参数。而将二维图层转换为三维图层后，该图层将不仅具有二维图层原有的基本属性，还具有其他新增的属性。展开三维图层的"变换"栏，可看到除了不透明度属性保持不变外，锚点、位置和缩放属性都新增了Z轴的参数，并且旋转属性细分为3组参数，同时还新增了方向属性，如图8-10所示。

● 方向：当调整方向属性时，图层将围绕世界轴做旋转，其调整范围只有360°。
● 旋转：当调整旋转属性时，图层将围绕本地轴做旋转，其调整范围不受限制。

另外，还增加了一个"材质选项"栏，用于配合由灯光照射所产生的光影效果。在"时间轴"面板中展开三维图层下方的"材质选项"栏，可以看到其中的各个选项参数，如图8-11所示。

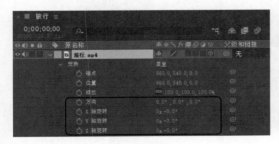

图 8-10 方向属性　　　　　　　　　　图 8-11 "材质选项"栏

"材质选项"栏中的相关参数介绍如下。

- 投影：用于设置当灯光照射物体时，是否出现投影效果。其有"开""关""仅"3个选项，分别用于设置是否打开投影效果、关闭投影效果或仅显示阴影效果。
- 透光率：用于设置对象的透光程度，可以制作出半透明物体在灯光照射下的效果。
- 接受阴影：用于设置对象是否接受阴影效果，该属性不能用于制作关键帧动画。
- 接受灯光：用于设置对象是否受灯光照射影响，该属性不能用于制作关键帧动画。
- 环境：用于设置三维图层受"环境"类型灯光影响的程度。
- 漫射：用于设置三维图层漫反射的程度。
- 镜面强度：用于设置物体镜面反射的程度。
- 镜面反光度：用于设置三维图层中镜面高光的反射区域和强度。
- 金属质感：用于设置三维图层颜色对镜面高光颜色的影响程度。

8.1.4　三维图层的视图和坐标轴模式

了解了三维图层的基本属性后，掌握三维图层的视图和坐标轴模式的相关知识，可以帮助视频后期制作人员更便捷地进行三维合成。

1. 三维图层的视图

在AE中进行三维合成时，可以通过切换不同的视图和选择视图布局来调整视图，以便从不同的角度来观察和调整三维图层。

（1）切换视图

默认情况下，"合成"面板中显示的视图为"活动摄像机"选项。在该视图下，三维图层没有固定的视角。在"合成"面板右下方单击"活动摄像机"下拉列表框，可在打开的下拉列表中选择不同的视图选项来切换视图，如图8-12所示。

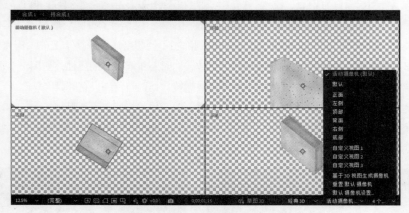

图8-12　切换视图

其中"正面""左侧""顶部""背面""右侧""底部"选项可直接从对应的方向查看；"自定义视图1""自定义视图2""自定义视图3"选项则以3种透视的角度来显示。单击某视图可将其选中，选中后的视图4个角有高亮小三角标记，表示该视图处于选中状态。

（2）选择视图布局

在"合成"面板中的"活动摄像机"下拉列表框右侧单击"1个"下拉列表框，可在打开的下拉列表中选择不同的视图布局选项，如图8-13所示。默认情况下，选择"1个视图"
选项时，画面中只有一个视图；选择"2个视图"选项时，画面显示为左右两
个视图；选择"4个视图"选项时，画面显示为上下左右4个大小相同的
视图。

图8-13 选择视图布局

2. 三维图层的坐标轴模式

在进行三维合成时可发现，三维图层在"合成"面板中显示有3种不同颜
色标志的箭头，分别代表三维的3个坐标轴，其中红色为X轴、绿色为Y轴、蓝
色为Z轴，如图8-14所示。

三维坐标轴构成了整个立体空间，主要用于进行空间定位。为了适应在不
同视图下三维坐标轴的操作，可选择不同的三维坐标轴模式。其操作方法为：
使用"选取工具" ![图标]选择三维图层后，在工具箱后侧区域可看到3种不同的三
维坐标轴模式，单击相应的按钮可以进行切换。

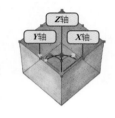

图8-14 三维坐标轴

- 本地轴模式![图标]：该模式可将三维坐标轴与三维图层的表面对齐，即与图层相对一致，如旋转三维图
  层时，三维坐标轴会跟着旋转。
- 世界轴模式![图标]：该模式可将三维坐标轴与合成的绝对坐标对齐，即与合成相对一致，如旋转三维图
  层时，三维坐标轴的方向不会发生变化。
- 视图轴模式![图标]：该模式可将三维坐标轴与选择的视图对齐，即无论选择哪种视图，三维图层的三维
  坐标轴都始终正对视图。

8.1.5 三维图层的基本操作

在应用三维图层前，首先需要掌握三维图层的基本操作，如要移动、旋转或缩放三维图层上的对
象，这些操作都可以通过"合成"面板或"时间轴"面板完成。

（1）移动三维图层

选择要移动的三维图层，选择"选取工具" ![图标]，在"合成"面板中直接拖曳三维坐标轴的箭头，可
在相应的轴上移动图层；或选择"选取工具" ![图标]，在工具属性栏中单击"位置"按钮![图标]，在"合成"
面板中拖曳三维坐标轴的箭头；也可以直接在"时间轴"面板中通过修改位置属性的参数来移动三维
图层。

（2）旋转三维图层

选择要旋转的三维图层，选择"旋转工具" ![图标]，并在工具箱右侧的"组"下拉列表中选择"方向"
或"旋转"选项，以确定该工具影响方向属性或旋转属性，然后在"合成"面板中直接拖曳三维坐标轴
的箭头；或选择"选取工具" ![图标]，在工具属性栏中选择"旋转"按钮![图标]，在"合成"面板中拖曳三维坐
标轴的箭头，如图8-15所示。也可以在"时间轴"面板中通过修改X轴旋转、Y轴方向或Z轴旋转属性的
参数来旋转三维图层。

🔔 **提示**

在使用"旋转工具" ![图标]旋转三维图层时，按住【Shift】键并拖曳鼠标可将旋转角度限制为
45°的倍数。

（3）缩放三维图层

选择要缩放的三维图层，选择"选取工具" ，在"合成"面板中拖曳三维对象的边缘，如图8-16所示；或选择"选取工具" ，在工具属性栏中单击"缩放"按钮 ，在"合成"面板中拖曳三维坐标轴的箭头。

图 8-15　旋转三维图层

图 8-16　缩放三维图层

8.2
搭建三维场景

在AE中，只有三维图层才能与摄像机图层产生透视关系的变化，以及与灯光图层产生阴影和光照的交互。因此在三维合成中，可以通过灯光与摄像机功能搭建出三维场景的体积感和空间感，从而让视频后期作品的视觉效果更加逼真。

8.2.1　课堂案例——制作光影文字特效视频

案例说明： 世界读书日即将到来，某读书公众号需要在节日到来之前发布视频。要求突出"世界读书日"的主题，画面具有光影的质感，能够提升粉丝的观看体验感，参考效果如图8-17所示。

知识要点： 创建聚光、创建环境光。

素材位置： 素材\第8章\背景.jpg、文字.png

效果位置： 效果\第8章\光影文字特效视频.aep

高清视频

图 8-17　参考效果

其具体操作步骤如下。

步骤 1　新建项目文件，导入需要的素材，将"背景.jpg"素材拖曳到"时间轴"面板中，基于素材新建合成。然后将"文字.png"素材拖曳到"合成"面板中，调整其缩放属性为"110%"。

视频教学：
制作光影文字
特效视频

步骤 2 调整"背景"合成的合成时间为0:00:05:00,然后将"时间轴"面板中的两个图层转换为三维图层,接着调整"文字.png"图层的位置属性上的Z轴参数为"-700",如图8-18所示。

步骤 3 展开"文字.png"图层的"材质选项"栏,设置投影为"开",如图8-19所示。

图 8-18 调整位置属性上的Z轴参数

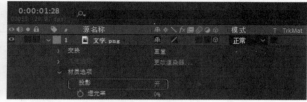

图 8-19 设置投影

步骤 4 选择【图层】/【新建】/【灯光】命令,在打开的"灯光设置"对话框中设置灯光参数,如图8-20所示,然后单击 确定 按钮。

步骤 5 将时间指示器移至0:00:01:00处,在"时间轴"面板中展开"聚光1"图层的"变换"栏,设置目标点和位置属性参数,然后单击属性名称左侧的"时间变化秒表"按钮,开启关键帧,如图8-21所示。

步骤 6 将时间指示器移至0:00:03:00处,设置目标点和位置属性参数,如图8-22所示。

图 8-20 设置灯光参数

图 8-21 开启关键帧

图 8-22 设置目标点和位置属性参数

步骤 7 展开"灯光1"图层中的"灯光选项"栏,分别为强度属性在0:00:00:00、0:00:01:00和0:00:03:00处添加值为"0%""100%""300%"的关键帧,使该灯光逐渐照亮画面。按【Ctrl+Shift+H】组合键隐藏图层控件,查看效果如图8-23所示。

图 8-23 查看效果

步骤 8 此时发现灯光过曝，选择【图层】/【新建】/【灯光】命令，在打开的"灯光设置"对话框中设置灯光类型为"环境"、强度为"-48%"，单击 确定 按钮。最后按【Ctrl+S】组合键保存文件，并设置名称为"光影文字特效视频"。

8.2.2 灯光的类型

灯光是三维合成中用于照亮三维图层上物体的一种元素，类似于光源。灵活地运用灯光可以模拟出物体在不同明暗和阴影下的效果，使该物体更具立体感、更加真实。在AE中常用的灯光类型主要有以下4种。

- 平行光：平行光是指从无限远的光源处发出的无约束定向光，类似于来自太阳的光线，光照范围无限，可照亮场景中的任何地方且光照强度无衰减。平行光可产生阴影，但阴影没有模糊效果，同时光源也具有方向性，如图8-24所示。
- 聚光：聚光不仅可以调整光源的位置，还可以调整光源照射的方向，同时被照射物体产生的阴影有模糊效果。聚光可根据圆锥的角度确定照射范围，如图8-25所示。

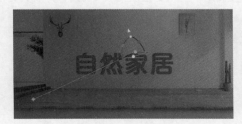

图 8-24 平行光

图 8-25 聚光

- 点光：点光是从一个点向四周发射光线，随着被照射物体与光源距离的不同，照射效果也不同，可产生具有模糊效果的阴影，如图8-26所示。
- 环境光：环境光没有发射点和方向性，只能设置灯光强度和颜色，不会产生阴影。通过环境光可以为整个场景添加光源，调整整个画面的亮度，常用于为场景补充照明，或与其他灯光配合使用，如图8-27所示。

图 8-26 点光

图 8-27 环境光

8.2.3 应用灯光

要应用灯光图层，首先需要创建灯光图层。其操作方法为：选择【图层】/【新建】/【灯光】命令，打开"灯光设置"对话框（见图8-28），在其中可以设置光源的各种属性参数，然后单击 确定 按钮。

"灯光设置"对话框中的相关参数介绍如下。

- "名称"文本框：用于设置灯光的名称。灯光名称默认为"灯光类型"+数字。
- "灯光类型"下拉列表框：用于设置灯光的类型。
- 颜色：用于设置灯光的颜色，默认为白色。
- 强度：用于设置光源的亮度。强度越大，光源越亮。若强度为负值则可产生吸光效果，即降低场景中其他光源的光照强度。
- 锥形角度：用于设置聚光灯的照射范围。
- 锥形羽化：用于设置聚光灯的照射区域边缘的柔化程度。
- "衰减"下拉列表框：用于设置最清晰的照射范围向外衰减的距离。启用"衰减"后，可激活"半径"和"衰减距离"选项，用于控制光照能达到的位置。其中"半径"选项用于控制光线照射的范围，半径之内范围的光照强度不变，半径之外范围的光照开始衰减；"衰减距离"选项用于控制光线照射的距离，当该值为0时，光照边缘不会产生柔和效果。
- "投影"复选框：用于指定光源是否可以产生投影。
- 阴影深度：用于控制阴影的浓淡程度。
- 阴影扩散：用于控制阴影的模糊程度。

图8-28 "灯光设置"对话框

8.2.4 课堂案例——制作水墨场景穿梭特效视频

案例说明： 某公众号准备发布一个水墨风格的宣传视频。现需要制作一个特效视频作为背景，要求视频画面展现出一种空间穿梭的视觉感，具有冲击力，参考效果如图8-29所示。

知识要点： 创建摄像机、调整摄像机参数。

素材位置： 素材\第8章\水墨.psd

效果位置： 效果\第8章\水墨场景穿梭特效视频.aep

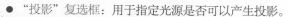

高清视频

图8-29 参考效果

其具体操作步骤如下。

步骤 1 新建项目文件，将"水墨.psd"素材导入"项目"面板中，在"水墨.psd"对话框中设置导入种类为"合成"，选中"可编辑的图层样式"单选项，如图8-30所示，单击 确定 按钮。

步骤 2 在"项目"面板中双击打开"水墨"合成，在"时间轴"面板中选择除"背景"图层外的其余所有图层，然后将其转换为三维图层，最后修改"水墨"合成的持续时间为0:00:05:00。

视频教学：
制作水墨场景穿
梭特效视频

步骤 **3** 选择【图层】/【新建】/【摄像机】命令，打开"摄像机设置"对话框，设置预设为"20毫米"，然后单击 确定 按钮，如图8-31所示。

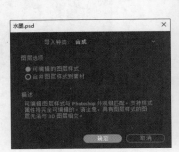

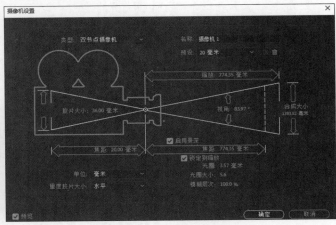

图 8-30 导入素材　　　　　　　　　　图 8-31 设置摄像机参数

步骤 **4** 在"时间轴"面板中根据画面中景物的前后关系调整图层顺序，如图8-32所示。

步骤 **5** 将时间指示器移至0:00:00:00处，展开"摄像机1"图层的"变换"栏，调整目标点属性和位置属性参数，并为这两个属性创建关键帧，如图8-33所示。

图 8-32 调整图层顺序　　　　　　　　图 8-33 创建关键帧

步骤 **6** 在"合成"面板中设置视图布局为"2个视图"，然后选择左侧视图，在"活动摄像机"下拉列表框中选择"顶部"选项，再设置右侧视图为"摄像机1"。

步骤 **7** 选择"太阳"图层，调整其缩放属性为"265%"。选择"选取工具" ，在"合成"面板左侧的"顶部"视图中移动该图层的Z轴，效果如图8-34所示。

步骤 **8** 使用与步骤7相同的方法根据空间透视关系移动其他各图层的Z轴，效果如图8-35所示。

步骤 **9** 将左侧的"顶部"视图切换为"左侧"选项，然后使用"选取工具" 移动各图层的Y轴，效果如图8-36所示。

步骤 **10** 将时间指示器移至0:00:01:09处，展开"摄像机1"图层的"变换"栏，调整位置属性和目标点属性参数，如图8-37所示。将时间指示器移至0:00:03:00处，调整位置属性和目标点属性参数，如图8-38所示。

步骤 **11** 将时间指示器移至0:00:04:24处，在"摄像机1"图层的"变换"栏中单击 按钮，恢复默认的目标点属性和位置属性参数。

步骤 12 在"合成"面板中设置视图布局为"1个视图"。最后按【Ctrl+S】组合键保存文件，并设置名称为"水墨场景穿梭特效视频"。

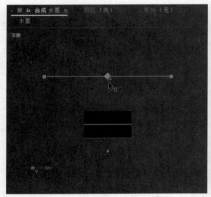

图 8-34　移动 Z 轴　　　　图 8-35　移动各图层的 Z 轴　　　　图 8-36　移动各图层的 Y 轴

图 8-37　调整位置属性和目标点属性参数（1）　　　　图 8-38　调整位置属性和目标点属性参数（2）

8.2.5　应用摄像机

AE中的摄像机功能可以通过模拟摄像机"推拉摇移"的真实操作来控制三维场景，以便从任何角度和距离查看制作的画面效果。创建摄像机的方法为：选择【图层】/【新建】/【摄像机】命令，或按【Ctrl+Alt+Shift+C】组合键，打开"摄像机设置"对话框，在其中可设置摄像机类型、名称、焦距等属性的参数，如图8-39所示。

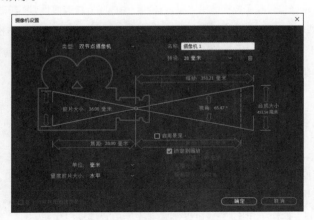

图 8-39　"摄像机设置"对话框

"摄像机设置"对话框中的部分选项介绍如下。

- "类型"下拉列表框：用于设置摄像机的类型，包含单节点摄像机和双节点摄像机选项。
- "名称"文本框：用于设置摄像机的名称。默认情况下，"摄像机1"是在合成中创建的第1个摄像机的名称，并且所有后续创建的摄像机将按升序的顺序编号。
- "预设"下拉列表框：用于设置摄像机的镜头（默认为50毫米），主要根据焦距命名。选择不同的预设选项，其中的"缩放""视角""焦距""光圈"值也会相应改变。
- 缩放：用于设置从摄像机镜头到图像平面的距离。该值越大，通过摄像机显示的图层上的物体就越大，视觉范围也就越小。
- 视角：用于设置在图像中捕获的场景宽度，可通过"焦距""胶片大小""缩放"值来确定视角值。一般来说，视角越大，视野越宽；反之，则视野越窄。较广的视角可以创建与广角镜头相同的效果。
- "启用景深"复选框：勾选该复选框，可启用景深功能，创建更逼真的摄像机聚焦效果。此时位于该复选框下方的"焦距"（用于设置从摄像机到平面的完全聚焦的距离）"光圈""光圈大小""模糊层次"参数会被激活，用于自定义景深效果。
- "锁定到缩放"复选框：勾选该复选框，可将焦距锁定到缩放距离。
- 光圈：用于设置镜头孔径的大小。增加光圈值，会增加景深模糊度。
- 光圈大小：用于设置焦距与光圈的比例。
- 模糊层次：用于设置图像中景深模糊的程度。该值越大，画面越模糊。
- 胶片大小：通过镜头看到的实际图像的大小，与合成大小相关。
- 焦距：用于设置从胶片平面到摄像机镜头的距离。该值越大，看到的范围越大，细节越好，匹配真实摄像机中的长焦镜头。修改焦距时，"缩放"值也会相应改变，以匹配真实摄像机的透视性。此外，"视角""光圈"等值也会相应改变。
- "单位"下拉列表框：用于表示摄像机设置值所采用的测量单位。
- "量度胶片大小"下拉列表框：用于设置胶片大小的尺寸。

疑难解答

在设置摄像机类型时，如何选择单节点摄像机或双节点摄像机选项？

单节点摄像机只能操控摄像机本身，有位置、方向和旋转等属性，常用于制作直线运动之类的简单动画。双节点摄像机相对于单节点摄像机多一个目标点属性，用于锁定拍摄方向，既可以移动摄像机选择不同的目标点，也可以让摄像机围绕目标点进行推、拉、摇、移等操作。因此，双节点摄像机相对于单节点摄像机来说应用范围更加广泛。

8.2.6 摄像机工具

创建摄像机图层后，可以借助工具箱中的摄像机工具（快捷键为【C】）在"合成"面板中调整摄像机的角度和位置，模拟真实的摄像机。在工具箱中分别长按 这3个工具组，可在打开的列表中选择以下8个摄像机工具。

- "绕光标旋转工具" ：使用该工具可以绕鼠标光标位置移动摄像机。
- "绕场景旋转工具" ：使用该工具可以绕合成中心移动摄像机。
- "绕相机信息点旋转" ：使用该工具可以绕目标点移动摄像机。

- "在光标下移动工具" ➕：使用该工具可以让摄像机根据鼠标光标位置进行平移，平移速度相对鼠标光标位置发生变化。

选择"绕光标旋转工具" 🔄或"绕场景旋转工具" 🔄时，在右侧可激活 ⬠⟲Ⅰ 这3个按钮，其中单击"自由形式"按钮 ⬠时，可在任意方向上旋转摄像机；单击"水平约束"按钮 ⟲时，只能左右旋转摄像机；单击"垂直约束"按钮 Ⅰ时，只能上下旋转摄像机。

- "平移摄像机POI工具" ➕：使用该工具可以根据摄像机的目标点来移动摄像机，平移速度相较于摄像机的目标点保持恒定。
- "向光标方向推拉镜头工具" ⬍：使用该工具可以将摄像机镜头从合成中心推向鼠标光标位置。
- "推拉至光标工具" ⬍：使用该工具可以针对鼠标光标位置推拉摄像机镜头。
- "推拉至摄像机POI工具" ⬍：使用该工具可以针对目标点推拉摄像机。

8.2.7 课堂案例——制作实景合成特效视频

案例说明：现有一段夜景视频，需要将3D对象与该实拍视频加以融合，以制作实景合成特效视频，创建出一种现实与虚拟相结合的三维视觉效果，参考效果如图8-40所示。

知识要点：摄像机跟踪。

素材位置：素材\第8章\夜景.mp4、光效素材

效果位置：效果\第8章\实景合成特效视频.aep

高清视频

图8-40 参考效果

其具体操作步骤如下。

步骤 1 新建项目文件，将需要的素材全部导入"项目"面板中，然后将"夜景.mp4"素材拖曳到"时间轴"面板中。

步骤 2 选择"夜景.mp4"图层，打开"跟踪器"面板，单击 跟踪摄像机 按钮，或者将"效果和预设"面板的"透视"效果组中的"3D摄像机跟踪器"效果拖曳到"合成"面板中，应用该效果后将自动在后台进行分析，"合成"面板中的画面如图8-41所示。

视频教学：
制作实景合成
特效视频

步骤 3 分析完成后，在"合成"面板中将显示"解析摄像机"文字。解析完成后，在"效果控件"面板或"时间轴"面板中选择"3D摄像机跟踪器"效果，画面中将显示所有的跟踪点，如图8-42所示。

步骤 4 将鼠标指针移至画面左侧建筑物表面的跟踪点上方，当跟踪点之间形成的红色圆圈与建筑

物表面平行时，单击鼠标左键以确定跟踪点，如图8-43所示。

图8-41　在后台分析

图8-42　显示跟踪点

图8-43　确定跟踪点

步骤 5 在红色圆圈上单击鼠标右键，在弹出的快捷菜单中分别选择"设置地平面和原点"和"创建实底和摄像机"命令。

步骤 6 选择命令后，画面表面将出现一个矩形（跟踪实底），且在"时间轴"面板中同步增加"3D跟踪器摄像机"和"跟踪实底 1"图层。

步骤 7 选择"跟踪实底 1"图层，在其上单击鼠标右键，在弹出的快捷菜单中选择"预合成"命令，在打开的"预合成"对话框中设置预合成的名称为"元素2"，然后单击 确定 按钮。

步骤 8 打开"元素2"合成，将"项目"面板中的"元素2.mp4"素材拖曳到该合成中，调整该素材的缩放属性为"150%"，如图8-44所示。

步骤 9 返回"夜景"合成，调整"元素2"预合成图层的混合模式为"相加"，如图8-45所示。

图8-44　调整缩放属性

图8-45　调整图层的混合模式

步骤 10 展开"元素2"预合成图层的"变换"栏，调整X轴旋转属性参数为"+90°"，查看效果如图8-46所示。

步骤 11 选择"夜景.mp4"图层，在"效果控件"面板中单击"3D摄像机跟踪器"效果，继续在其他建筑的表面确定第2个跟踪点，如图8-47所示。然后在其上单击鼠标右键，在弹出的快捷菜单中选择"创建实底"命令。

步骤 12 在"合成"面板中调整矩形（第2个跟踪实底）的大小和位置，如图8-48所示。

图8-46　查看效果

图8-47　确定第2个跟踪点

图8-48　调整矩形的大小和位置

步骤 13 将"跟踪实底 1"图层预合成，设置预合成的名称为"箭头"，然后将"箭头.mp4"素材拖曳到"箭头"合成中。

步骤 14 调整"箭头"合成的高度为"3500",然后隐藏"跟踪实底1"图层,再调整"箭头.mp4"素材的旋转属性为"-90°"、缩放属性为"85%"、图层的混合模式为"相加",接着复制2个"箭头.mp4"图层,在"合成"面板中调整素材的位置,如图8-49所示。

步骤 15 返回"夜景"合成,再次确定第3个跟踪点,并继续创建实底,如图8-50所示。

步骤 16 将"跟踪实底 1"图层预合成,设置预合成的名称为"元素1",然后将"元素1.mp4"素材拖曳到"元素1"合成中,并调整至合适的位置。

步骤 17 返回"夜景"合成,调整"元素1"预合成图层的属性参数和混合模式,如图8-51所示。

图 8-49　调整素材的位置　　　图 8-50　继续创建实底(1)　　　图 8-51　调整图层的属性参数和混合模式(1)

步骤 18 将时间指示器移动到0:00:08:07处,再次确定第4个跟踪点,并继续创建实底,如图8-52所示。

步骤 19 将"跟踪实底 1"图层预合成,设置预合成的名称为"进度条",然后将"进度条.mp4"素材拖曳到"进度条"合成中,再调整"进度条.mp4"素材的伸缩为"150%"。返回"夜景"合成,调整"进度条"预合成图层的属性参数和图层混合模式,如图8-53所示。

图 8-52　继续创建实底(2)　　　图 8-53　调整图层的属性参数和混合模式(2)

步骤 20 将时间指示器移动到0:00:12:12处,再次确定第5个跟踪点,并继续创建实底,如图8-54所示。

步骤 21 将"跟踪实底 1"图层预合成,设置预合成的名称为"元素3",然后将"元素3.mp4"素材拖曳到"元素3"合成中,再调整"元素3.mp4"素材的伸缩为"150%"。

步骤 22 返回"夜景"合成,调整"元素3"预合成图层的X轴旋转属性为"+90°"、图层的混合模式为"相加",然后在"合成"面板中调整"元素3"素材的位置,如图8-55所示。

步骤 23 按【Ctrl+Shift+H】组合键隐藏三维坐标轴,查看效果如图8-56所示。最后按【Ctrl+S】组合键保存文件,并设置名称为"实景合成特效视频"。

图 8-54　继续创建实底（3）　　　图 8-55　调整素材的位置　　　图 8-56　查看效果

8.2.8　跟踪摄像机

跟踪摄像机功能可以自动分析视频，以提取摄像机运动和三维场景中的数据，然后创建虚拟的3D摄像机来匹配视频画面，最后将图像、文字等元素融入画面中。应用跟踪摄像机功能主要可分为以下4个步骤。

1. 分析视频素材

应用跟踪摄像机功能之前，需要先分析素材。其操作方法为：选择视频素材，然后选择【动画】/【跟踪摄像机】命令；或选择【窗口】/【跟踪器】命令，在打开的"跟踪器"面板中单击 跟踪摄像机 按钮；或选择【效果】/【3D摄像机跟踪器】命令，视频图层将自动添加一个"3D摄像机跟踪器"效果，并开始自

图 8-57　"3D 摄像机跟踪器"参数

动进行分析，在图8-57所示"效果控件"面板中可设置相应参数，以得到需要的效果。

"效果控制"面板中的部分选项介绍如下。

- 分析/取消：用于开始或停止素材的后台分析。分析完成后，分析/取消处于无法应用状态。
- "拍摄类型"下拉列表框：用于指定以视图的固定角度、变量收缩或指定视角选项来捕捉素材。更改此设置需重新解析。
- 水平视角：用于指定解析器使用的水平视角，需在"拍摄类型"下拉列表框中选择"指定视角"选项才会启用该设置。
- "显示轨迹点"下拉列表框：用于将检测到的特性显示为带透视提示的3D点（3D已解析）或由特性跟踪捕捉的2D点（2D源）。
- 渲染跟踪点：用于控制跟踪点是否渲染为效果的一部分。
- 跟踪点大小：用于更改跟踪点的显示大小。
- 创建摄像机：用于创建3D摄像机。
- 高级：3D摄像机跟踪器效果的高级控件，用于查看当前自动分析所采用的方法和误差情况。

对视频素材应用"3D摄像机跟踪器"效果后，AE将会在"合成"面板中显示"在后台分析"的文字提示，同时在"效果控件"面板中也会显示分析的进度。分析结束后，AE将会在"合成"面板中显示"解析摄像机"的文字提示，该提示消失后将会显示跟踪点。需要注意的是，"3D摄像机跟踪器"效果对素材的分析是在后台执行的。因此，进行视频分析时，可在AE中继续进行其他操作。

2. 跟踪点的基本操作

视频素材分析结束后，在"效果控件"面板中选择"3D摄像机跟踪器"效果，此时"合成"面板中会出现不同颜色的跟踪点，通过操作这些跟踪点可以跟踪物体的运动。

（1）选择跟踪点

选择"选取工具" ，将鼠标指针在可以定义一个平面的三个相邻未选定跟踪点之间移动，此时鼠标指针会自动识别画面中的一组跟踪点，这些跟踪点之间会出现一个半透明的三角形和一个红色的圆圈（目标），如图8-58所示，可以预览选取效果。此时单击鼠标左键确认选择跟踪点，被选中的跟踪点将呈高亮显示，如图8-59所示。

图 8-58　识别跟踪点

另外，也可以使用"选取工具" 绘制选取框，框内的跟踪点则可被选择，或按住【Shift】键或【Ctrl】键的同时单击选择多个跟踪点来构成一个目标平面。

（2）取消选择跟踪点

选择跟踪点后，按住【Shift】键或【Ctrl】键的同时单击所选的跟踪点，或远离跟踪点单击鼠标左键可取消选择跟踪点。

图 8-59　确认选择跟踪点

（3）删除跟踪点

选择跟踪点后，在其上单击鼠标右键，在弹出的快捷菜单中选择"删除选定的点"命令，或按【Delete】键可删除跟踪点。需要注意的是，在删除跟踪点后，摄像机将会重新分析视频素材，且在后台重新分析视频素材时，可以继续删除其他的跟踪点。

3. 移动目标

选择跟踪点后，将红色圆圈目标移动到其他位置，后期创建的内容也将在该位置上生成。其操作方法为：将鼠标指针移动到红色圆圈目标的中心，鼠标指针会变为 形状，此时按住鼠标左键并拖曳鼠标，可移动目标的位置。图8-60所示为移动目标前后的对比效果。

图 8-60　移动目标前后的对比效果

4. 创建跟踪图层

选择跟踪点后，可以在跟踪点上创建跟踪图层，使跟踪图层跟随视频运动。其操作方法为：在选择的跟踪点上单击鼠标右键，在弹出的快捷菜单中选择相应的命令，如图8-61所示。

快捷菜单中的命令介绍如下。

> 创建文本和摄像机
> 创建实底和摄像机
> 创建空白和摄像机
> 创建阴影捕手、摄像机和光
> 创建 3 文本图层和摄像机
> 创建 3 实底和摄像机
> 创建 3 个空白和摄像机
> 设置地平面和原点

图8-61　快捷菜单中的命令

- 创建文本和摄像机：用于在"时间轴"面板中创建一个文本图层和3D跟踪器摄像机图层。
- 创建实底和摄像机：用于在"时间轴"面板中创建一个实底的纯色图层和3D跟踪器摄像机图层。
- 创建空白和摄像机：用于在"时间轴"面板中创建一个空对象图层和3D跟踪器摄像机图层。

- 创建阴影捕手、摄像机和光：用于在"时间轴"面板中创建"阴影捕手"图层、3D跟踪器摄像机图层和光照图层，可为画面添加逼真的阴影和光照。

> 🔔 **提示**
>
> "创建 3 文本图层和摄像机""创建 3 实底和摄像机""创建 3 空白和摄像机"命令与上述3 种跟踪图层命令相对应，只是创建图层的数量由单击鼠标右键时所选跟踪点的数量决定。

- 设置地平面和原点：用于在选定的位置建立一个地平面和原点的参考点，该参考点的坐标为（0,0,0）。该操作虽然在"合成"面板中看不到任何效果，但是在"3D摄像机跟踪器"效果中创建的所有项目都是使用此地平面和原点创建的，以便调整摄像机的旋转和位置。

技能提升

进行跟踪摄像机时，往往会因为视频素材的问题而出现视频分析失败或者跟踪点较少、效果不理想等情况，可以针对不同的问题进行解决。

- 若视频素材出现大面积模糊，导致分析视频时跟踪点较少，可在"效果控件"面板中展开"3D摄像机跟踪器"效果中的"高级"栏，在"解决方法"下拉列表中选择"典型"选项，再勾选"详细分析"复选框，此时"3D摄像机跟踪器"效果会重新分析视频图像。
- 若视频素材光线太暗，导致视频分析时无法识别内容点位，可调整素材的亮度，让细节部分更加清晰。
- 若在视频素材中找不到可以长时间跟踪的点，可将视频分段截取，然后分别进行跟踪摄像机操作。

尝试选择一种合适的方法来跟踪提供的视频素材（素材位置：素材\第8章\风景视频.mp4），并说明选择这种方法的原因。

8.3 课堂实训

8.3.1 制作传统文化栏目片头

1. 实训背景

"文化传承"是一档以"传统文化"为主题的文化体验类栏目，该栏目每一期都会邀请国家非物质文化遗产代表性传承人来呼吁民众弘扬和保护优秀的传统文化。最新一期的内容为宣传琴和棋，现需要制作一个栏目片头，要求在片头中体现出中国传统的水墨风格，利用传统文化元素来吸引观众，利用传统文化思想来打动观众，视频时长为20秒。

📝 **设计素养**

传统文化是文明演化并汇集而成的一种反映民族特质和风貌的文化，是各民族思想文化、观念形态的总体表现。我国的传统文化包含茶、围棋、古诗词、书法、国画、灯谜、歇后语、二十四节气、传统节日等，其形式多样、内容丰富，蕴含着厚重的历史与人文情怀。

---

2. 实训思路

（1）制作视频背景。为了让传统文化的氛围更浓厚，可考虑利用摄像机功能制作出在水墨画中穿梭的视觉效果，并以此作为视频背景。在制作时，利用"远景—中景—近景"的位置关系排列水墨素材，使穿梭感更强。

（2）制作主要内容。视频内容是介绍琴和棋，因此在制作时可从这两个方面入手，利用提供的水墨素材展示琴和棋的相关图片，并添加必要的文字介绍。

高清视频

（3）制作主题。为了体现视频主题，可在展示完主要内容后添加主题文字，并利用水墨素材和属性关键帧制作出文字逐渐出现的动画效果。

本实训的参考效果如图8-62所示。

图 8-62　参考效果

素材位置： 素材\第8章\传统文化栏目片头素材

效果位置： 效果\第8章\传统文化栏目片头.aep

视频教学：
制作传统文化
栏目片头

3. 步骤提示

步骤 1 新建项目文件，以及大小为"1920像素×1080像素"、持续时间为"0:00:20:00"、背景颜色为"白色"的合成文件。

步骤 2 将"传统文化栏目片头素材"文件夹中的素材全部导入"项目"面板中（导入"水墨山川.psd"素材时设置导入种类为"合成"），然后打开"水墨山川"合成，将该合成中除"图层3"图层外的所有图层转换为三维图层。

步骤 3 新建一个摄像机图层，设置视图布局为"2个视图"，然后调整左视图为"顶部"、右视图为"摄像机1"，接着在"顶部"视图中调整摄像机的位置。

步骤 4 将时间指示器移动到0:00:00:00处，在"摄像机1"图层中激活位置和目标点属性关键帧，再将时间指示器移动到0:00:03:00处，调整位置和目标点属性参数。依次在"顶部"视图中调整"远山1.psd~远山4.psd"图层的位置。

步骤 5 将时间指示器移动到0:00:03:00处，将"滴墨 ([1-97]).jpg"序列图片拖曳到"合成"面板中，并移动到画面左侧，然后调整该素材图层的入点为0:00:03:00。

步骤 6 将"滴墨([1~97]).jpg"图层预合成，设置预合成的名称为"图片背景"。进入"图片背景"预合成，将"琴.jpg"素材拖曳到"时间轴"面板中作为图层2，然后调整"琴.jpg"素材的缩放为"160%"、轨道遮罩为"亮度反转遮罩'滴墨([1~97]).jpg'"。

步骤 7 返回"水墨山川"合成，输入与"琴.jpg"图片相关的文字，并绘制线条作为装饰。然后将所有的文字和形状图层预合成，设置预合成的名称为"文字"，并调整"文字"预合成图层的入点为0:00:03:18、出点为0:00:06:05。

步骤 8 为"文字"预合成图层添加"线性擦除"过渡效果，通过"过渡完成"属性关键帧制作文字从无到有的动画效果。将时间指示器移动到0:00:06:05处，在"摄像机1"图层中创建位置和目标点属性关键帧。

步骤 9 将时间指示器移动到0:00:10:00处，调整位置和目标点属性参数，以及在"顶部"视图中调整"中山1~中山3"图层的位置。

步骤 10 在"项目"面板中复制"图片背景"预合成和"文字"预合成，并将复制的文件拖曳到"时间轴"面板中，调整"图片背景"预合成在画面左侧的位置，调整"图片背景 2"预合成图层的入点为0:00:10:00，调整"文字 2"预合成图层的入点为0:00:10:18，然后修改这两个预合成中的图片和文字。将时间指示器移动到0:00:13:05处，在"摄像机1"图层中创建位置和目标点属性关键帧。

步骤 11 将时间指示器移动到0:00:16:14处，调整位置和目标点属性参数，以及在"顶部"视图中调整"近山1.psd"图层的位置。

步骤 12 返回"合成1"合成，先将"水墨山川"合成拖曳到"时间轴"面板中，然后将"水墨.mov"素材拖曳到"水墨山川"图层上方，调整该素材图层的入点为0:00:16:14，调整"水墨山川"合成图层的轨道遮罩为"亮度反转遮罩'水墨.mov'"。

步骤 13 新建一个黑色纯色图层，将其移动到"水墨山川"图层下方，然后输入主题文字，并将"印章.png"素材拖曳到文字右侧，调整至合适大小。

步骤 14 将印章素材和文字图层预合成，设置预合成的名称为"主题"，调整"主题"图层的入点为0:00:16:14，然后在0:00:16:14处为"主题"预合成图层创建不透明度属性和缩放关键帧，属性参数均为"0%"。将时间指示器移动到0:00:17:13处，恢复默认属性参数值。最后按【Ctrl+S】组合键保存文件，并设置名称为"传统文化栏目片头"。

8.3.2 制作"全息投影"三维视频特效

1. 实训背景

某摄影工作室拍摄了一个视频，为迎合当下流行的未来科技风，准备为其制作"全息投影"特效。要求在其中添加相关的元素，并适当调整元素的大小和位置，尺寸为1920像素×1080像素。

2. 实训思路

（1）选取跟踪点。为了增加画面的立体感，可利用跟踪摄像机功能选取不同的跟踪点，并根据画面内容创建多个实底图层。

（2）调整元素色调。为使元素与场景更加融合，可利用"亮度与对比度"效果调整元素的色调。调色前后的对比效果如图8-63所示。

图8-63 调色前后的对比效果

（3）替换视频。确定跟踪点后，将实底图层替换为全息投影相关的元素，并根据具体情况调整三维属性。

（4）添加灯光图层。为了让视频画面光效更统一，可添加一个类型为"环境光"的灯光图层。

本实训的参考效果如图8-64所示。

高清视频

图8-64 参考效果

素材位置：素材\第8章\全息投影素材

效果位置：效果\第8章\"全息投影"三维视频特效.aep

视频教学：制作"全息投影"三维视频特效

3. 步骤提示

步骤 1 新建项目文件，以及名称为"'全息投影'三维视频特效"、大小为"1920像素×1080像素"、持续时间为"0:00:09:00"的合成文件。

步骤 2 导入"全息投影素材"文件夹中的所有素材，将"视频1.mp4"素材拖曳到"时间轴"面板中，调整伸缩为"50%"，然后使用"3D摄像机跟踪器"效果分析视频素材。

步骤 3 根据视频画面选择跟踪点，然后创建摄像机图层和3个实底图层，并适当调整实底图层的位置和大小。

步骤 4 将所有实底图层预合成单独的预合成图层，然后使用"全息投影素材"文件夹中的"元素1.mp4""元素2.mp4""元素3.mp4"视频素材替换预合成中的图层，并适当调整大小、位置和数量等。

步骤 5 在"'全息投影'三维视频特效"合成中为预合成图层添加"亮度和对比度"效果，然后在"效果控件"面板中调整参数，以增加预合成图层的明亮度，最后设置预合成图层的混合模式均为"相加"。

步骤 6 关闭带有原始音频的预合成图层中的音频。新建一个灯光类型为"环境"、强度为"70%"的灯光图层，提高画面整体亮度。

步骤 7 按【Ctrl+S】组合键保存文件，并设置名称为"'全息投影'三维视频特效"。

8.4
课后练习

练习 1 制作微纪录片片头

某工作室准备拍摄一个关于"采冰人"的微纪录片，现需要为其制作片头。要求不仅要在片头中展现出纪录片的主题名称、所属系列、主要内容，还要展现出纪录片的创作者，如导演、监制、策划、摄像等，风格要简约、大气、美观。在制作时可使用跟踪摄像机完成，参考效果如图8-65所示。

　　素材位置： 素材\第8章\微纪录片素材.mp4

　　效果位置： 效果\第8章\微纪录片片头.aep

图 8-65　参考效果

练习 **2**　制作照片墙展示特效

　　某博主为增加粉丝量，准备将自己拍摄的多张照片制作成在三维空间内慢慢汇聚的照片墙展示特效，要求画面具有强烈的空间感。在制作时，可先排列提供的图片素材，然后使用摄像机图层创建照片渐行渐远，最终合成为一个照片墙的视觉效果，参考效果如图8-66所示。

　　素材位置： 素材\第8章\照片

　　效果位置： 效果\第8章\照片墙展示特效.aep

图 8-66　参考效果

第 **9** 章

渲染与输出文件

在Premiere和AE中制作的视频，需要先进行渲染才能保证视频效果的流畅度，然后才能根据需要进行输出，或者将在AE中制作的视频特效或三维合成添加到Premiere中，从而组成更加完整的视频作品。用户可以利用Dynamic Link功能将在AE中制作的视频特效直接链接到Premiere中，以节省渲染与输出时间。

▌ 📖 **学习目标**

　　◎ 掌握渲染和输出文件的方法

　　◎ 掌握Dynamic Link功能的使用方法

▌ ◇ **素养目标**

　　◎ 提高渲染视频的效率

　　◎ 养成良好的渲染与输出视频习惯

▌ ◈ **案例展示**

产品展示GIF动图和视频

渲染文件

渲染文件就是把制作完成的视频后期作品暂时生成预览视频，使其在后续编辑和播放视频时能够较为平滑和流畅，从而达到加快输出速度、节约时间的目的。但在渲染时并不会生成实际文件，只会提供实时的预览效果。

9.1.1　在 Premiere 中渲染文件

在Premiere中选择"序列"菜单命令，从中可以看到不同的渲染命令，如图9-1所示。每一种渲染命令代表一种渲染方式，可产生相应的效果。用户在渲染视频时，可根据需要进行选择。

图9-1　渲染命令

- 渲染入点到出点的效果：用于渲染入点和出点内视频轨道上添加效果的视频片段，适用于由添加效果导致视频变卡顿的情况。图9-2所示为渲染前和只渲染了两段视频中间的视频过渡效果的对比：渲染前视频过渡效果的渲染条为红色，表示需要渲染才能以全帧速率实时回放未渲染的部分，播放时会非常卡顿；而渲染后视频过渡效果的渲染条会变为绿色，表示已经生成了渲染文件，播放时会非常流畅。

图 9-2　渲染前和只渲染了两段视频中间的视频过渡效果的对比

- 渲染入点到出点：用于渲染入点到出点完整的视频片段。图9-3所示为渲染前和渲染入点到出点的对比：渲染前整段视频的渲染条为黄色，表示无须渲染即能以全帧速率实时回放未渲染的部分，播放时会有些卡顿；而渲染后整段视频的渲染条会变为绿色。

图 9-3　渲染前和渲染入点到出点的对比

- 渲染选择项：用于渲染在"时间轴"面板中选中的轨道部分。
- 渲染音频：用于渲染位于工作区域内音频轨道部分的预览文件。

> **🔔 提示**
>
> 渲染入点到出点的视频时，可根据需要在"时间轴"面板中重新确定视频的入点和出点，然后只对选择的这一段视频进行渲染；也可以保持默认渲染范围，渲染整个视频。

> **疑难解答 ❓**
>
> **使用Premiere渲染文件时非常卡顿怎么办？**
>
> 使用 Premiere 渲染文件时，如果计算机硬盘中没有太多空间，则会因内存不足而阻碍其他硬件加速，从而影响文件的渲染速度，因此可通过清除缓存文件或更改缓存文件的保存位置来提高渲染速度。其操作方法为：选择【编辑】/【首选项】/【媒体缓存】命令，打开"首选项"对话框，单击 ■■■删除■■ 按钮，根据提示删除缓存文件；或者单击 ■■■浏览■■ 按钮，在打开的"选择文件夹"对话框中重新设置缓存文件的保存位置。

9.1.2 在 After Effects 中渲染文件

在After Effects中渲染文件，通常是在"渲染队列"面板中完成。因此，渲染文件时需要先将文件添加到渲染队列中，然后在"渲染设置"对话框中设置渲染参数。

1. 添加文件到"渲染队列"面板中

渲染文件前，应先将需要渲染的合成文件添加到"渲染队列"面板中，"渲染队列"面板可以同时管理多个渲染项。其添加方法为：选择需要渲染输出的合成，然后选择【文件】/【导出】/【添加到渲染队列】命令；或选择【合成】/【添加到渲染队列】命令；或按【Ctrl+M】组合键。"渲染队列"面板如图9-4所示。

图9-4 "渲染队列"面板

"渲染队列"面板中的部分选项介绍如下。

● 当前渲染：用于显示当前正在进行渲染的合成。

● 已用时间：用于显示当前渲染已经花费的时间。

● ■■AME 中的队列■■按钮：单击该按钮，可将加入渲染队列的合成添加到Adobe Media Encoder（视频和音频编码应用程序）队列中。

● ■■渲染■■按钮：完成相关设置后，单击该按钮，可从上往下依次开始渲染合成。

● 状态：用于显示渲染项的状态。显示"未加入队列"表示该合成还未准备好渲染；显示"已加入队列"表示该合成已准备好渲染；显示"需要输出"表示未指定输出文件名；显示"失败"表示渲染失败；显示"用户已停止"表示用户已停止渲染该合成；显示"完成"表示该合成已完成渲染。

● 渲染设置：用于设置渲染的相关参数。

● "日志"下拉列表框：用于设置输出的日志内容。可选择"仅错误""增加设置""增加每帧信息"选项。

● 输出模块：用于设置输出文件的相关参数。

● 输出到：用于设置文件输出的位置和名称。

2. "渲染设置"对话框

在"渲染队列"面板中单击"渲染设置"右侧的 最佳设置 按钮，可打开"渲染设置"对话框，如图9-5所示。

"渲染设置"对话框中的部分选项介绍如下。

● "品质"下拉列表框：用于设置所有图层的品质。可选择"最佳""草图""线框"选项。

● "分辨率"下拉列表框：用于设置相对于原始合成的分辨率大小。

● 大小：用于显示原始合成和渲染文件的分辨率大小。

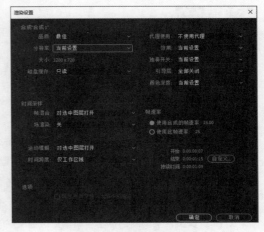

图9-5 "渲染设置"对话框

● "磁盘缓存"下拉列表框：用于设置渲染期间是否使用磁盘缓存首选项。选择"只读"选项将不会在渲染时向磁盘缓存写入任何新帧；选择"当前设置"选项将使用在"首选项"对话框的"媒体和磁盘缓存"选项卡中设置的磁盘缓存位置。

● "代理使用"下拉列表框：用于设置是否使用代理。

● "效果"下拉列表框：用于设置是否关闭效果。

● "独奏开关"下拉列表框：用于设置是否关闭独奏开关。

● "引导层"下拉列表框：用于设置是否关闭引导层。

● "颜色深度"下拉列表框：用于设置颜色深度。

● "帧混合"下拉列表框：用于设置是否关闭帧混合。

● "场渲染"下拉列表框：用于设置场渲染的类型。可选择"关""高场优先""低场优先"选项。

● 3:2 Pulldown：用于设置是否关闭3:2 Pulldown。

● "运动模糊"下拉列表框：用于设置是否关闭运动模糊。

● "时间跨度"下拉列表框：用于设置渲染的时间。选择"合成长度"选项将渲染整个合成；选择"工作区域"选项将只渲染合成中由工作区域标记指示的部分；选择"自定义"选项或单击右侧的 自定义... 按钮可打开"自定义时间范围"对话框，自定义渲染的起始、结束和持续范围。

● "跳过现有文件（允许多机渲染）"复选框：勾选该复选框后，允许渲染文件的一部分，不重复渲染已渲染的帧。

● "帧速率"栏：用于设置渲染时使用的采样帧速率。

🔔 提示

在 After Effects 中渲染文件时，渲染顺序都是从最下层的图层到最上方的图层（若图层中有嵌套合成图层则先渲染该图层）；在单个图层中的渲染顺序为蒙版、效果、变换、图层样式；在矢量图层中的渲染顺序为蒙版、变换、效果。

9.2 输出文件

如果对渲染的文件感到满意，则可将其输出。其操作方法为：可分别利用Premiere或AE输出文件，也可利用Dynamic Link功能在Premiere和AE之间共享文件，然后联合输出文件。

9.2.1 课堂案例——输出水果视频文件

案例说明： 某水果商家拍摄了一段水果视频，现需要为这两段视频添加一些文字特效，以突出视频主题；再将其输出为MP4格式的文件，以便上传到不同平台上进行播放。要求视频尺寸为720像素×960像素，同时输出一张JPG上格式的图像作为视频封面，参考效果如图9-6所示。

知识要点： 输出模块设置。

素材位置： 素材\第9章\水蜜桃素材.mp4、文字特效.aep

效果位置： 效果\第9章\水蜜桃视频.mp4、水蜜桃视频封面.jpg

高清视频

  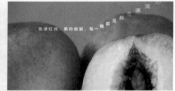

图 9-6　参考效果

其具体操作步骤如下。

步骤 1 使用AE打开"文字特效.aep"素材文件，按【Ctrl+M】组合键，将"文字特效"合成添加到"渲染队列"面板中，如图9-7所示。

步骤 2 单击"输出到"右侧的超链接，打开"将影片输出到"对话框，取消勾选"保存在子文件夹中"复选框，然后选择文件的保存位置，单击 保存(S) 按钮。返回"渲染队列"面板，单击 渲染 按钮，开始渲染输出，同时在"合成"面板中可以预览渲染效果。

视频教学：
输出水果视频
文件

图 9-7　将合成添加到"渲染队列"面板中

步骤 3 打开Premiere，新建名为"水蜜桃视频"的项目文件，导入提供的"水蜜桃素材.mp4"素材和步骤2中输出的"文字特效.mov"素材。

...

步骤 4 将"水蜜桃素材.mp4"素材拖曳到V1轨道上,将"文字特效.mov"素材拖曳到V2轨道上。选择V2轨道上的素材,在"效果控件"面板中设置混合模式为"颜色减淡"。

步骤 5 将时间指示器移动到00:00:02:05处(需要作为视频封面的那一帧),单击"节目"面板中的"导出帧"按钮 📷 (或按【Ctrl+Shift+E】组合键),打开"导出帧"对话框,在"名称"文本框中输入图片名称为"水蜜桃视频封面",在"格式"下拉列表框中选择"JPEG"选项,如图9-8所示。然后单击 确定 按钮。

步骤 6 选择"时间轴"面板,按【Ctrl+M】组合键打开"导出设置"对话框,单击"输出名称"选项后的文件名称超链接,打开"另存为"对话框,选择文件的保存位置,设置文件名称为"水蜜桃视频",然后单击 保存(S) 按钮,如图9-9所示。

图 9-8 输入名称和设置格式

图 9-9 选择文件保存位置和设置文件名称

步骤 7 返回"导出设置"对话框,在右侧的"格式"下拉列表框中选择"H.264",如图9-10所示,然后单击 导出 按钮导出视频。

图 9-10 选择导出格式

9.2.2 在 Premiere 中输出文件

选择【文件】/【导出】/【媒体】命令,或按【Ctrl+M】组合键,将打开"导出设置"对话框,在该对话框中可以设置文件的基本信息。

1. 输出预览

在"导出设置"对话框(见图9-11)左上角单击"源"选项卡可对视频的左侧、顶部、右侧和底部进行裁剪操作,以及对裁剪的比例进行设置;在"导出设置"对话框中间区域可以预览导出效果;在"导出设置"对话框底部单击"设置入点"按钮 或"设置出点"按钮 可将当前时间指示器的位置设置为文件输出的起始时间点或结束时间点;在"源范围"下拉列表框中可选择输出文件的范围选项。

2. 输出设置

在"导出设置"对话框右侧的"导出设置"栏可对文件的格式、保存路径、保存名称、是否输入音频等进行设置，如图9-12所示。

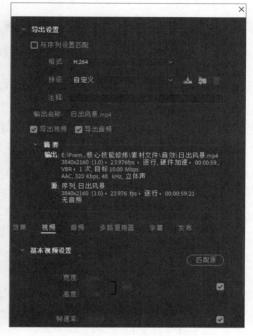

图 9-11 "导出设置"对话框   图 9-12 导出设置

"导出设置"栏中的部分选项介绍如下。

- "与序列设置匹配"复选框：勾选该复选框，Premiere自动将输出文件的属性与序列相匹配，且"导出设置"栏中所有的选项将会呈灰色显示，不能对其进行自定义设置。
- "格式"下拉列表框：用于选择Premiere支持的文件格式选项。
- "预设"下拉列表框：用于选择文件的序列预设选项，即视频的画面大小。
- 输出名称：单击右侧的超链接，将打开"另存为"对话框，在其中可以对文件的保存路径和文件名进行自定义设置。
- "导出视频"复选框：勾选该复选框，可输出选择的影片；取消勾选该复选框，将不会输出视频文件。
- "导出音频"复选框：勾选该复选框，可输出视频中的音频文件；取消勾选该复选框，将不会输出音频文件。

3. 输出常用格式的文件

了解了输出的设置方法后，就可将项目文件输出为需要的格式。下面将介绍5种常用格式的输出方法。

（1）输出为视频

在Premiere中将编辑的项目输出为视频文件是较为常用的输出方法。视频后期制作人员不仅可以通过视频文件更直观地查看编辑后的效果，也能将视频文件发送至可移动设备中进行观看。其操作方法为：在"时间轴"面板中选择需要输出的视频序列，打开"导出设置"对话框，在"导出设置"栏的"格式"下拉列表框中选择视频格式选项，完成后单击 导出 按钮。

（2）输出为音频

当只需保留项目文件中的音频文件时，可将其输出为音频。输出音频的方法与输出视频的方法类似，只需在"格式"下拉列表框中选择音频文件的格式，然后对其他参数进行设置。

（3）输出为序列图片

在Premiere中可以将项目中的内容输出为一张一张的序列图片，即将视频画面的每一帧都输出为一张静态图片。其操作方法与输出视频和音频的操作方法类似，只需在打开的对话框中选择导出的格式选项为图片格式（如PNG、JPEG），然后设置图片的保存路径和名称，保持"视频"选项卡中的"导出为序列"复选框为勾选状态，单击 导出 按钮。

（4）输出为单帧图片

如果需要将项目文件中当前时间指示器所处位置的视频效果输出为一张图片，可以通过"导出设置"对话框和"节目"面板两种方式来进行输出。

● 通过"导出设置"对话框进行输出：将当前时间指示器移动到需要输出的位置，选择【文件】/【导出】/【媒体】命令，在打开的对话框中选择一种图片的格式选项，取消勾选"导出为序列"复选框，然后单击 导出 按钮。

● 通过"节目"面板进行输出：在"时间轴"面板中将当前时间指示器移动到需要输出单帧图片的位置，在"节目"面板中单击"导出帧"按钮 ，打开"导出帧"对话框，在"名称"文本框中输入图片的名称，在"格式"下拉列表框中选择"JPEG"选项，然后单击 确定 按钮。

（5）输出为GIF动图

输出为GIF动图的方法与输出视频的方法类似，只需在"格式"下拉列表框中选择"动画 GIF"选项。

9.2.3 在 After Effects 中输出文件

在AE中单击"渲染队列"面板中"输出模块"右侧的 无损 按钮，可打开"输出模块设置"对话框，如图9-13所示。在该对话框的"主要选项"选项卡中可设置格式、视频输出、音频输出等参数，而"色彩管理"选项卡中的参数可控制每个输出项的色彩管理。

"输出模块设置"对话框中部分选项介绍如下。

● "格式"下拉列表框：用于设置输出文件的格式。可选择AIFF、AVI、"DPX/Cineon"序列等15种格式选项。

● "包括项目链接"复选框：用于设置是否在输出文件中包括链接到源项目的信息。

● "渲染后动作"下拉列表框：用于设置AE在渲染后执行的动作。

● "包括源XMP元数据"复选框：用于设置是否在输出文件中包括源文件中的XMP元数据。

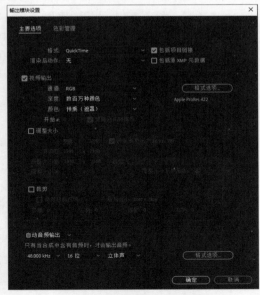

图9-13 "输出模块设置"对话框

- 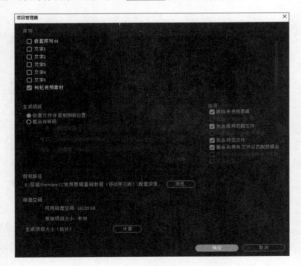按钮：单击该按钮，可在打开的对话框中设置输出文件格式的特定选项。

- "通道"下拉列表框：用于设置输出文件中包含的通道。

- "深度"下拉列表框：用于设置输出文件的颜色深度。

- "颜色"下拉列表框：用于设置使用Alpha通道创建颜色的方式。

- 开始#：当输出文件为某个序列时，用于设置序列起始帧的编号。勾选右侧的"使用合成帧编号"复选框，可将工作区域的起始帧编号添加到序列的起始帧中。

- "调整大小"栏：用于设置输出文件的大小以及调整大小后的品质。勾选右侧的"锁定长宽比为"复选框，可在调整文件大小时保持现有的长宽比。

- "裁剪"栏：用于在输出文件时边缘减去或增加像素的行或列。勾选"目标区域"复选框，将只输出在"合成"或"图层"面板中选择的目标区域。

- "自动音频输出"下拉列表框：用于设置输出文件中音频的采样率、采样深度和声道。

9.2.4 打包文件

为了便于之后可以直接修改文件或将整个文件移至其他计算机中进行编辑，通常需要打包整个文件以及所使用到的素材文件，这样才不会出现素材缺少的情况。

在Premiere中打包文件的操作方法为：选择"时间轴"面板，然后选择【文件】/【项目管理】命令，打开"项目管理器"对话框，如图9-14所示。在"项目管理器"对话框的"序列"栏中勾选需要打包的序列，在"目标路径"栏中单击 浏览 按钮，在打开的对话框中选择文件的保存路径和设置文件名称，按【Enter】键确认。返回"项目管理器"对话框后，单击 确定 按钮。

在AE中打包文件的操作方法为：选择【文件】/【整理工程（文件）】/【收集文件】命令，打开图9-15所示"收集文件"对话框，在其中设置相应参数后单击 收集 按钮，接着在打开的对话框中设置文件的存储位置，单击 保存(S) 按钮进行保存。

图 9-14 "项目管理器"对话框

图 9-15 "收集文件"对话框

9.2.5 课堂案例——更新 Vlog 视频片头

案例说明：某博主准备更新使用Premiere制作的视频片头，并为其添加使用AE制作的文字特效。为了提高效率，考虑利用Dynamic Link功能在Premiere和AE之间创建链接，参考效果如图9-16所示。

高清视频

知识要点：Dynamic Link功能的应用。

素材位置：素材\第9章\Vlog素材

效果位置：效果\第9章\Vlog视频片头.mp4

图9-16　参考效果

其具体操作步骤如下。

步骤 1　使用Premiere打开"Vlog素材"文件夹中的"Vlog.prproj"文件。

步骤 2　选择【文件】/【Adobe Dynamic Link】/【导入After Effects合成图像】命令，打开"导入After Effects合成"对话框，在对话框的"合成"选项卡中选择"文字"文件，如图9-17所示。然后单击 确定 按钮。

视频教学：
更新Vlog视频
片头

步骤 3　在"项目"面板中选择链接的"文字/主题文字.aep"文件，将其拖曳到"时间轴"面板中的V5轨道上，如图9-18所示。

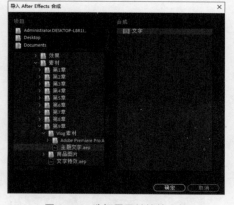

图9-17　选择需要链接的文件

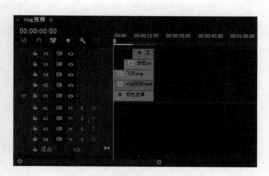

图9-18　添加文件到 V5 轨道上

步骤 4　在不关闭Premiere的情况下，打开AE，并打开"Vlog素材"文件夹中的"主题文字.aep"文件，在其中修改文字内容为"我的Vlog之旅"，再切换回Premiere，预览视频，发现文字内容已被修改，最后将文件输出为"Vlog视频片头.mp4"的视频文件。

9.2.6　利用 Dynamic Link 功能共享文件

Dynamic Link（动态链接）功能可以将AE和Premiere中的文件相互链接，当在两者之间任意一个软件中进行更改后，在另一个软件中都会自动更新、实时同步，从而可在两者之间快速、高效地共享文件。

1. 从Premiere创建动态链接合成

先启动AE，在其中打开需要链接的文件，然后启动Premiere，新建项目，选择【文件】/【Adobe Dynamic Link】/【导入After Effects合成图像】命令，打开"导入After Effects合成"对话框，在该对话框左侧的"项目"选项卡中选择在AE中打开的文件，等待链接完成后，在"合成"选项卡中选择需要链接的文件，然后单击 确定 按钮，即可创建动态链接。完成后，该文件将被导入Premiere的"项目"面板中，将其拖曳到"时间轴"面板中，保证文件在Premiere中被打开，然后切换回AE，此时在AE中对已经链接的文件所做的任何修改都会在Premiere中得到更新。

> **提示**
>
> 除了可以使用菜单命令的方式创建动态链接外，还可以通过在 Premiere 中导入素材时直接选择一个 AE 合成文件（格式为".aep"），或者将合成文件从 AE 的"项目"面板中直接拖曳到 Premiere 的"项目"面板中，或者使用复制（【Ctrl+C】组合键）快捷键和粘贴（【Ctrl+V】组合键）快捷键的方式创建动态链接。

2. 从AE创建动态链接合成

从AE创建动态链接合成的方法与从Premiere创建动态链接合成的方法基本相同，既可以通过【文件】/【Adobe Dynamic Link】/【导入Premiere Pro序列】命令来创建，也可以通过拖曳或复制粘贴的方式创建，这里不做过多介绍。

9.3
课堂实训

9.3.1　渲染与输出产品展示 GIF 动图和视频

1. 实训背景

某商家需要将提供的店铺热销商品图片输出为GIF动图，同时为了便于将热销商品图片应用到更多场合，还需要将其输出为MP4格式的视频文件。要求尺寸为700像素×700像素，时长为12秒。

高清视频

2. 实训思路

（1）调整图像持续时间。根据实训要求，可考虑将每张图片的持续时间设置为2帧，设置时间过长会导致动画节奏缓慢，不利于多张图片的展现。

（2）输出GIF动图和视频。根据实训要求，可分别输出GIF动图和视频，但需要注意更改为不同的文件名称。

本实训的参考效果如图9-19所示。

图9-19　参考效果

素材位置： 素材\第9章\商品图片

效果位置： 效果\第9章\商品动图.gif、商品视频.mp4

3. 步骤提示

步骤 1　启动Premiere，新建名称为"产品展示GIF动图和视频"的项目文件，将素材"商品图片"导入"项目"面板中，然后将整个文件夹拖曳到"时间轴"面板中。

视频教学：
渲染与输出产品
展示GIF动图和
视频

步骤 2　选择【序列】/【序列设置】命令，打开"序列设置"对话框，设置帧大小为"700 700"，单击 确定 按钮。

步骤 3　在"时间轴"面板中选择所有图片，设置持续时间为00:00:02:00，设置时间轴上第5张图片和最后一张图片的缩放属性均为"105"。

步骤 4　选择【序列】/【渲染入点到出点】命令，待渲染完成后查看效果。

步骤 5　在"时间轴"面板中选择所有图片，按【Ctrl+D】组合键添加默认的视频过渡效果（交叉溶解），然后将第1个素材入点处和最后一个素材出点处的视频过渡效果删除。

步骤 6　选择"时间轴"面板，按【Ctrl+M】组合键打开"导出设置"对话框，设置格式为"动画 GIF"，输出名称为"商品动图"，单击 导出 按钮。

步骤 7　再次打开"导出设置"对话框，设置格式为"H.264"，输出名称为"商品视频"，单击 导出 按钮。

9.3.2　渲染与输出美食制作宣传视频

1. 实训背景

某糕点商家准备将拍摄的糕点视频制作成宣传视频。要求在其中添加一些使用AE制作的视频特效，并且将最终效果渲染输出为MP4格式的视频，时长为30秒，大小为"1280像素×720像素"。

高清视频

2. 实训思路

（1）调整视频速度。为满足实训要求，可先在Premiere中新建符合要求的项目文件，然后根据提供的视频素材调整速度。

（2）输出特效。为了突出视频主题，可在AE中修改并渲染与输出提供的视频特效素材。

（3）添加特效和渲染输出。在Premiere中添加使用AE渲染与输出的视频特效，并输出为MP4格式的文件。为保证画面的质量，在渲染输出视频和图像时，应适当调整渲染与输出模块的参数，尽量将分辨率和品质等设置为较高的等级。

本实训的参考效果如图9-20所示。

图 9-20 参考效果

素材位置： 素材\第9章\糕点制作.mp4、字幕条.aep

效果位置： 效果\第9章\字幕条.mov、美食制作宣传视频.mp4

视频教学：
渲染与输出美食
制作宣传视频

3．**步骤提示**

步骤 1 启动Premiere，新建名称为"美食制作宣传视频"的项目文件。

步骤 2 导入"糕点制作.mp4"素材，并将其拖曳至"时间轴"面板中，然后调整视频的持续时间为"150%"。

步骤 3 启动AE，打开"字幕条.aep"素材，修改其中的文字内容。按【Ctrl+M】组合键将合成添加到"渲染队列"面板中，并将其输出为名称为"字幕条"、格式为"MOV"的视频文件。

步骤 4 返回Premiere，将输出的"字幕条.mov"素材导入"项目"面板中，然后将其拖曳到"时间轴"面板中的V2轨道上，并调整该素材的混合模式为"变亮"。

步骤 5 按【Ctrl+M】组合键打开"导出设置"对话框，设置格式为"H.264"，输出名称为"美食制作宣传视频"，单击 导出 按钮。

9.4
课后练习

练习 1 渲染与输出拖鞋产品视频

某电商商家准备重新制作拖鞋产品的主图视频。要求视频内容不变，更换背景音乐，并且输出的尺寸比例为1∶1，参考效果如图9-21所示。

素材位置： 素材\第9章\拖鞋.mp4、背景音乐.mp3

效果位置： 效果\第9章\拖鞋产品视频mp4

高清视频

图 9-21　参考效果

练习 **2** 渲染与输出旅行视频

　　某博主拍摄了一段旅行视频，准备发布在社交平台上。要求为其添加AE特效，并将其中的单个画面制作为封面图，最终渲染输出格式为MP4的视频，参考效果如图9-22所示。

图 9-22　参考效果

素材位置：素材\第9章\旅行.mp4、特效.aep
效果位置：效果\第9章\旅行封面图.jpg、旅行视频.mp4

高清视频

第**10**章 综合案例——制作"魅力乡村"宣传短片

　　本章将运用前文所学知识制作"魅力乡村"宣传短片。制作时将分别根据Premiere和AE的相关功能，对视频素材进行处理，使视频效果更具吸引力和影响力，最后对视频进行输出，以此提升使用Premiere和AE进行视频后期制作的能力。

📖 学习目标

　　◎ 掌握宣传短片的制作方法
　　◎ 掌握使用Premiere和AE进行视频后期制作的方法

◇ 素养目标

　　◎ 培养对视频作品的赏析能力
　　◎ 让制作的视频充满正能量

▧ 案例展示

"魅力乡村"宣传短片

10.1
案例概述

10.1.1 案例背景

乡村振兴战略是新时代"三农"工作的总抓手和指导思想。为贯彻落实乡村振兴战略,某地区准备举办第一届乡村振兴产业发展大会,大会的主题为"魅力乡村振兴战略",需要在会议上播放乡村宣传短片,以展示实施乡村振兴战略以来的成果,从而激发大众推进乡村发展工作的信心。

10.1.2 案例要求

为更好地完成"魅力乡村"宣传短片,在制作时,需要遵循以下要求。

(1)设计规格为1920像素×1080像素,25.00 帧/秒,总时长为90秒左右,需输出为MP4格式的视频文件,以及1张JPG格式的图片作为宣传图,同时保留源文件,以便后续修改。

(2)为更好地完成宣传短片,增强视频吸引力,在制作时可综合利用Premiere 和AE两个软件的特色,如可利用Premiere进行视频剪辑、利用AE制作视频特效等。

(3)要求在宣传短片中添加提供的背景音乐、音效和语音音频素材,以及解说字幕,并且要求语音音频素材与解说字幕相匹配。

(4)设计风格要具有现代化的特色和科技感,充分展现出现代化农业的发展成果,突出"魅力乡村振兴战略"的主题,能够让人一目了然、印象深刻。

10.1.3 设计思路

为更好地完成"魅力乡村"宣传短片,在制作时,可参考以下设计思路。

(1)编辑视频素材。本例在"视频素材"文件夹中提供了17个视频素材,为了满足本例宣传短片的总时长,可对"视频素材"文件夹中的所有视频素材进行剪辑。剪辑视频时,可先分别新建"片头""片中"序列,然后根据视频内容在这两个序列中添加合适的视频素材。由于"片中"序列中的内容是本例的主要内容,需要的素材文件较多,而且后期还要添加对应画面的音频,因此在剪辑"片中"序列中的素材时,可以先试听提供的"语音音频.mp3"音频素材,然后根据音频中的描述剪辑出对应的画面。剪辑完成后,可在相邻视频素材之间添加视频过渡效果,使视频过渡更加自然。同时,对部分出现偏色的视频素材进行调色处理,如"1.mp4""2.mp4""3.mp4"等视频素材。

(2)制作视频特效。在"片头"序列中可看到画面中天空区域较少,且天空云层较少,过于单调,因此可考虑使用AE制作抠像特效,为视频更换背景,从而减少地面区域、增加天空区域。为了让视频具有现代化和科技感,可考虑利用AE的跟踪摄像机功能对"产业发展1""农田"序列中的视频进行三维合成。在制作时,可搭配"元素素材"文件夹中的素材进行操作。另外,也可以利用AE的摄像机功能将"图片"文件夹中的素材制作成图片穿梭效果,使整体视觉效果更具冲击力,同时也更贴合本例中传统乡村产业的相关内容；在"收割"序列中可看到一个正在移动的收割机，可考虑利用AE的跟踪运动制作跟踪字幕条，突出现代化农业的发展优势；片头也是本例的重点，因此可在AE中利用文字动画属性为片头中的点文字制作文字特效，并将所有制作的特效应用到Premiere中。

（3）视频合成与输出。特效制作完成后，可进行视频合成。首先需要为完成后的整个视频添加解说字幕，添加解说字幕时，可考虑使用语音转录字幕功能将"语音音频.mp3"音频文件转录为字幕；然后添加提供的其他音频，注意调整每段音频使其与视频画面对应，如"开场音乐.mp3"音频应与视频片头画面对应、"鸟叫.mp3"音频应与片中开始时的空镜画面对应、"背景音乐.wav"应与解说字幕开始出现时的画面对应。并且，在添加"开场音乐.mp3""背景音乐.wav"音频时可考虑利用音频特效制作出音频渐隐渐显的效果，最后根据案例要求输出需要的格式文件。

本实训的参考效果如图10-1所示。

图 10-1　参考效果

素材位置：素材\第10章\宣传短片素材
效果位置：效果\第10章\"'魅力乡村'宣传短片"效果

10.2 编辑视频素材

10.2.1 剪辑和排列视频素材

其具体操作步骤如下。

步骤 1　打开Premiere，新建名称为"'魅力乡村'宣传短片"的项目文件，将"视频素材"文件夹中的视频全部导入"项目"面板中。

步骤 2　新建名称为"片头"、大小为"1920×1080"像素、像素长宽比为"方形像素（1.0）"的序列文件。

视频教学：
剪辑和排列
视频素材

步骤 3 将"背景.mp4"素材拖曳到"时间轴"面板中的V2轨道上，在弹出的提示框中单击 保持现有设置 按钮。依次将时间指示器移动到00:00:10:15和00:00:22:15位置，按【Ctrl+K】组合键剪切视频素材，如图10-2所示。

步骤 4 删除剪切后的第1段和第3段视频素材，将"蓝天白云.mp4"素材拖曳到"时间轴"面板中的V1轨道上，调整其出点与V1轨道上视频素材出点一致，如图10-3所示。

图10-2 剪切视频素材

图10-3 调整视频素材出点

步骤 5 新建名称为"片中"、其余参数与"片头"序列相同的序列文件。将"空镜1.mp4"素材拖曳到V1轨道上，然后在弹出的提示框中单击 保持现有设置 按钮。选择V1轨道上的素材，单击鼠标右键，在弹出的快捷菜单中选择"速度/持续时间"命令，在打开的"剪辑速度/持续时间"对话框中设置速度为"200%"，然后单击 确定 按钮，如图10-4所示。

步骤 6 将V1轨道上的素材出点和时间指示器调整到00:00:01:22处。在"项目"面板中双击"位置介绍.mp4"素材，在"源"面板中设置入点为00:00:39:02、出点为00:00:58:06，然后单击"插入"按钮，如图10-5所示。

步骤 7 在"源"面板中继续设置"位置介绍.mp4"素材的入点为00:01:17:16、出点为00:01:26:14，单击"插入"按钮；重复操作设置入点为00:02:14:13、出点为00:02:27:10，单击"插入"按钮。

步骤 8 在"时间轴"面板中依次选择第2、3、4段视频素材，然后在"效果控件"面板中调整素材的缩放均为"154"。依次调整第2段和第4段视频速度为"600%"，第3段视频速度为"400%"。

步骤 9 在"时间轴"面板中选择第2、3、4段视频素材，单击鼠标右键，在弹出的快捷菜单中选择"嵌套"命令，打开"嵌套序列名称"对话框，设置名称为"位置介绍"，单击 确定 按钮，如图10-6所示。

图10-4 调整视频速度

图10-5 插入视频

图10-6 嵌套序列

步骤 10 将"项目"面板中的"1.mp4""2.mp4""3.mp4""4.mp4""5.mp4""6.mp4""7.mp4"素材依次拖曳到"时间轴"面板中的V1轨道上，并删除A1轨道上的音频。

步骤 11 调整"1.mp4"素材的速度为"500%"，调整"2.mp4"素材的速度为"300%"，调整

"2.mp4"素材的缩放为"50"，然后在00:00:15:00位置使用剃刀工具▧剪切"2.mp4"素材，并波纹删除剪切后的后半段素材。

步骤 12 调整"3.mp4"素材的速度为"300%"，然后在00:00:17:00位置使用剃刀工具▧剪切"3.mp4"素材，并波纹删除剪切后的后半段素材。调整"4.mp4"素材的速度为"300%"，然后在00:00:18:21位置使用剃刀工具▧剪切"4.mp4"素材，并波纹删除剪切后的后半段素材。

步骤 13 在"时间轴"面板中选择"5.mp4""6.mp4""7.mp4"素材，单击鼠标右键，在弹出的快捷菜单中选择"速度/持续时间"命令，在打开的"剪辑速度/持续时间"对话框中设置速度为"400%"，勾选"波纹编辑，移动尾部剪辑"复选框，单击 确定 按钮。

步骤 14 选择"时间轴"面板中的"1.mp4""2.mp4""3.mp4""4.mp4""5.mp4""6.mp4""7.mp4"素材，然后将其嵌套，设置嵌套名称为"产业发展1"。

步骤 15 将时间指示器移动到00:00:26:07处，将"项目"面板中的"8.mp4""9.mp4"素材依次拖曳到"时间轴"面板中的V1轨道上。

步骤 16 在"时间轴"面板中选择"8.mp4"素材，依次在00:00:51:05、00:01:05:04、00:01:13:12、00:01:23:13、00:01:30:20、00:01:47:02、00:02:00:07和00:02:39:02位置按【M】键添加标记。

步骤 17 将时间指示器移动到00:02:39:02处，选择剃刀工具▧，按住【Ctrl】键，将鼠标指针移动到"时间轴"面板中的"8.mp4"素材上，当出现辅助线条时单击鼠标左键剪切素材，如图10-7所示。

步骤 18 使用与步骤17相同的方法依次在标记位置剪切素材，然后依次删除"8.mp4"素材的第1、3、5、7、9段片段，接着选择剩下的"8.mp4"素材片段，调整其速度为"600%"。将所有的"8.mp4"素材片段嵌套，设置嵌套名称为"产业发展2"。

步骤 19 在"节目"面板中任意选择一个标记，单击鼠标右键，在弹出的快捷菜单中选择"清除标记"命令清除所有标记。接着调整"9.mp4"素材的出点为00:01:48:21、速度为"500%"。

步骤 20 双击打开"产业发展1"序列，将时间指示器移动到00:00:07:13处，在"项目"面板中双击"10.mp4"素材，在"源"面板中单击"插入"按钮▣，在"时间轴"面板中调整"10.mp4"素材的速度为"500%"。

步骤 21 将时间指示器移动到00:00:09:13处，选择"7.mp4"素材，按住【Ctrl】键，将选择的素材插入时间指示器位置，如图10-8所示。

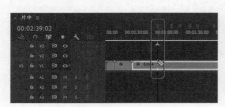

图 10-7 剪切素材

图 10-8 插入素材

步骤 22 返回"片中"序列，将时间指示器移动到00:00:53:09处，将"项目"面板中的"丰收1.mp4""丰收2.mp4""收割.mp4"素材依次拖曳到"时间轴"面板中的V1轨道上。

步骤 23 调整"丰收1.mp4"素材的速度为"500%"，"丰收2.mp4"素材的出点为00:01:

20:12、速度为"200%"，"收割.mp4"素材的速度为"400%"。将"丰收1.mp4""丰收2.mp4"素材嵌套，设置嵌套名称为"丰收"。

步骤 24 将"片中"序列中的"9.mp4"嵌套，设置嵌套名称为"农田"，将"片中"序列中的"收割.mp4"嵌套，设置嵌套名称为"收割"，按【Ctrl+S】组合键保存文件。

10.2.2 调整视频色调

其具体操作步骤如下。

步骤 1 双击"产业发展1"序列，选择第1段视频素材，将"效果"面板中的"阴影/高光"效果应用到该素材上，将自动调整视频色调。调色前后的对比效果如图10-9所示。

步骤 2 将"效果"面板中的"自动对比度"效果应用到第1段视频素材上，调色后的效果如图10-10所示。

视频教学：
调整视频色调

图 10-9 调色前后的对比效果（1）　　　　　　　图 10-10 调色后的效果（1）

步骤 3 将时间指示器移动到00:00:02:13处，将"效果"面板中的"Lumetri 颜色"效果应用到第2段视频素材上，打开"效果控件"面板，依次展开"Lumetri颜色""基本校正"栏，修改其中的参数，如图10-11所示。在"节目"面板中预览素材，调色前后的对比效果如图10-12所示。

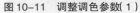

图 10-11 调整调色参数(1)　　　　　　图 10-12 调色前后的对比效果（2）

步骤 4 将"效果"面板中的"RGB曲线"效果应用到第2段视频素材上，打开"效果控件"面板，展开"RGB曲线"栏，修改其中的"主要""红色""绿色""蓝色"曲线，减少画面中出现的偏绿色，如图10-13所示。在"节目"面板中预览素材，调色后的效果如图10-14所示。

步骤 5 将时间指示器移动到00:00:05:13处，将"效果"面板中的"亮度曲线"效果应用到第3段视频素材上，打开"效果控件"面板，展开"亮度曲线"栏，拖曳调整其中的曲线，如图10-15所示。在"节目"面板中预览素材，调色前后的对比效果如图10-16所示。

步骤 6 将"效果"面板中的"颜色平衡（HLS）"效果应用到第3段视频素材上，在"效果控件"面板的"颜色平衡（HLS）"栏中设置色相为"6°"、饱和度为"10"。在"节目"面板中预览素材，调色后的效果如图10-17所示。

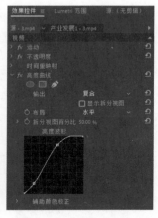

图 10-13　调整调色参数(2) 　　　图 10-14　调色后的效果（2） 　　　图 10-15　调整调色参数（3）

图 10-16　调色前后对比的效果（3） 　　　　　　　图 10-17　调色后的效果（3）

步骤 7 依次对第4段和第5段视频素材应用"自动对比度"效果，并在"节目"面板中预览素材，调色前后的对比效果如图10-18所示。

图 10-18　调色前后的对比效果（4）

步骤 8 将时间指示器移动到00:00:16:10处，将"自动对比度""阴影/高光"效果应用到最后一段视频素材上。打开"效果控件"面板，展开"自动对比度"栏，设置减少白色像素为"8%"。在"节目"面板中预览素材，调色前后的对比效果如图10-19所示。

步骤 9 将"颜色平衡"效果应用到最后一段视频素材上。打开"效果控件"面板，展开"颜色平衡"栏，设置阴影红色平衡为"-17"、中间调绿色平衡为"6"、高光蓝色平衡为"5"。在"节目"面板中预览素材，调色后的效果如图10-20所示。

步骤 10 打开"农田"序列，对其中的素材应用"Lumetri 颜色"效果。打开"效果控件"面板，依次展开"Lumetri颜色""基本校正"栏，修改其中的参数，如图10-21所示。在"节目"面板中预览素材，调色前后的对比效果如图10-22所示。

步骤 11 打开 "收割" 序列，对其中的素材应用 "Brightness & Contrast" 效果。打开 "效果控件" 面板，调整亮度为 "40" 、对比度为 "25" ，最后按【Ctrl+S】组合键保存文件。

图 10-19　调色前后的对比效果（5）

图 10-20　调色后的效果（4）

图 10-21　调整调色参数（4）

图 10-22　调色前后的对比效果（6）

10.2.3　添加视频过渡

其具体操作步骤如下。

步骤 1 在 "片中" 序列中打开 "效果" 面板，依次展开 "视频过渡" / "溶解" 文件夹，选择 "交叉溶解" 过渡效果，将其拖曳至V1轨道上第2段素材的起始位置，如图10-23所示。

步骤 2 选中添加的 "交叉溶解" 过渡效果，打开 "效果控件" 面板，在其中设置持续时间为 "00:00:02:00" 、对齐为 "中心切入" ，如图10-24所示。

视频教学：
添加视频过渡

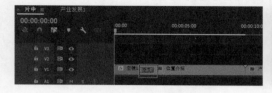

图 10-23　添加过渡效果

图 10-24　编辑过渡效果

步骤 3 使用与步骤1、步骤2相同的方法在V1轨道上第2个素材和第3个素材、第3个素材和第4个素材的中间添加 "胶片溶解" 过渡效果，并在 "效果控件" 面板中统一设置持续时间为 "00:00:02:00" 、对齐为 "中心切入" 。

步骤 4 选择V1轨道上第4个至第7个素材，按【Ctrl+D】组合键在素材过渡之间快速应用默认的过渡效果（ "交叉溶解" 视频过渡效果），最后按【Ctrl+S】组合键保存文件。

10.3 制作视频特效

10.3.1 制作抠像特效

其具体操作步骤如下。

步骤 1 打开AE，新建项目。返回Premiere，在"项目"面板中选择"片头"序列，按【Ctrl+C】组合键复制序列文件。返回AE，选中"项目"面板，按【Ctrl+V】组合键粘贴序列文件，并修改粘贴的文件名称为"片头1"。

步骤 2 在"项目"面板中双击打开"片头1"合成文件，然后打开"效果和预设"面板，将"颜色范围"效果应用到"背景.mp4"图层中。

视频教学：
制作抠像特效

步骤 3 打开"效果控件"面板，选择"颜色范围"栏中第1个吸管工具，在"合成"面板中上半部分天空处单击鼠标左键，吸取画面中颜色较深的蓝色，如图10-25所示。

步骤 4 在"效果控件"面板的"颜色范围"栏中选择第2个吸管工具，在"合成"面板中下半部分天空处单击鼠标左键，吸取画面中颜色较浅的蓝色，如图10-26所示。然后在"效果控件"面板中调整"颜色范围"效果的参数，如图10-27所示。

  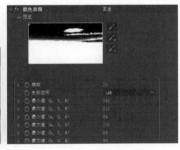

图10-25　吸取颜色（1）　　　　图10-26　吸取颜色（2）　　　　图10-27　调整效果参数

步骤 5 在"合成"面板中查看抠取效果，如图10-28所示。此时天空中还有一片云未被抠取，继续对第1个图层多次应用"颜色范围"效果，并使用"效果控件"面板中的吸管工具吸取未被抠取的云朵颜色，然后调整"颜色范围"效果的参数，最终抠图效果如图10-29所示。

步骤 6 选中"背景.mp4"图层，将其向下拖曳，使画面中天空部分更多，最终效果如图10-30所示。最后将"片头1"合成输出为格式为MOV、名称为"片头"的视频文件。

步骤 7 返回Premiere，删除"片头"序列，然后将"片头.mov"视频导入"项目"面板中，并以该文件新建"片头"序列。打开新建序列，将"云层穿梭转场.mov"文件导入"项目"面板中，然后将其拖曳到"时间轴"面板中V2轨道上的视频入点处。

步骤 8 选择V2轨道上的素材，在00:00:01:20处按【Ctrl+K】组合键剪切素材，然后波纹删除剪切后的前半段素材，接着调整V2轨道上素材的速度为"200%"，调整V1轨道上素材的速度为"150%"，最后按【Ctrl+S】组合键保存文件。

图 10-28　查看抠取效果　　　　　　图 10-29　最终抠图效果　　　　　　图 10-30　最终效果

10.3.2　进行三维合成

其具体操作步骤如下。

步骤 1 在Premiere中选择"产业发展1"序列，按【Ctrl+M】组合键打开"导出设置"对话框，将该序列输出为格式为MP4的视频文件。

步骤 2 切换到AE，将"产业发展1.mp4"文件和"元素素材"文件夹中的素材全部导入"项目"面板中，然后将"产业发展1.mp4"文件拖曳到"合成"面板中，继续将"上升数字.mov"文件拖曳到"合成"面板中。

视频教学：
进行三维合成

步骤 3 调整"上升数字.mov"图层的出点为0:00:02:12，然后为该图层添加"风格化"效果组中的"发光"效果，如图10-31所示。

步骤 4 选中"产业发展1.mp4"图层，按【Ctrl+D】组合键复制，将复制图层的入点设置为0:00:02:13、出点设置为0:00:05:12。选中复制的图层，选择【效果】/【透视】/【3D摄像机跟踪器】命令，等待画面分析完成后，画面中将会出现很多跟踪点。

步骤 5 将时间指示器移动到0:00:02:13处，在画面中确定跟踪点，如图10-32所示。

步骤 6 在红色圆圈上单击鼠标右键，在弹出的快捷菜单中分别选择"设置地平面和原点"和"创建文本和摄像机"命令。

步骤 7 在"时间轴"面板中创建文本图层，在"合成"面板中输入文字"绿色产业"，在"字符"面板中设置填充颜色为"#FFFFFF"、字体为"方正综艺简体"。展开该图层的"变换"栏，调整缩放属性参数为"70%"，在"合成"面板中通过拖曳文字的三维坐标轴调整文字的位置和旋转，如图10-33所示。

图 10-31　发光效果　　　　　　图 10-32　确定跟踪点（1）　　　　　　图 10-33　输入和编辑文字（1）

步骤 8 将时间指示器移动到0:00:02:24处，选择步骤4中复制的图层，在"效果控件"面板中选择"3D摄像机跟踪器"效果，继续在画面中确定跟踪点，如图10-34所示。

步骤 9 在红色圆圈上单击鼠标右键，在弹出的快捷菜单中选择"创建文本"命令，然后修改文本图层中的文字内容、文字位置和大小，效果如图10-35所示。

步骤 10 将时间指示器移动到0:00:03:22处，在画面中确定跟踪点，如图10-36所示。

图10-34 确定跟踪点（2）

图10-35 输入和编辑文字（2）

图10-36 确定跟踪点（3）

步骤 11 按照与步骤9相同的方法创建文本图层，然后修改文本图层中的文字内容、文字位置和大小，如图10-37所示。最后将3个文本图层的入点和出点调整为与图层4一致。

步骤 12 将"元素素材"文件夹中的"文字元素.mov"素材拖曳到"时间轴"面板中，调整该素材图层的入点为0:00:09:13、出点为0:00:11:24，然后调整素材大小和位置，如图10-38所示。

步骤 13 为"文字元素.mov"图层添加"高斯模糊"效果，将时间指示器移动到该图层入点，在"效果控件"面板中创建"模糊度"关键帧，设置该项参数为"100"。将时间指示器移动到0:00:09:21处，设置模糊度参数为"0"。

步骤 14 返回Premiere，将"农田"序列复制粘贴到AE中，在AE中双击打开"农田"合成，复制"9.mp4"图层，修改复制图层的出点为0:00:05:20，然后为复制的图层添加"3D摄像机跟踪器"效果。

步骤 15 待画面分析完成后，将时间指示器移动到视频开始位置，然后在画面中确定跟踪点，如图10-39所示。

图10-37 输入和编辑文字（3）

图10-38 调整素材大小和位置

图10-39 确定跟踪点（4）

步骤 16 在红色圆圈上单击鼠标右键，在弹出的快捷菜单中分别选择"设置地平面和原点"和"创建文本和摄像机"命令，然后修改文本图层中的文字，并调整文字位置，如图10-40所示。

步骤 17 选中文本图层，按【Ctrl+D】组合键复制，编辑复制的文本图层中的文字，并调整文字的X轴，效果如图10-41所示。

步骤 18 将时间指示器移动到0:00:02:18处，在画面中确定新的跟踪点，如图10-42所示。然后单击鼠标右键，在弹出的快捷菜单中选择"创建文本"命令，接着修改文本图层中的文字内容，调整文字位置和大小，如图10-43所示。

步骤 19 复制文本图层，编辑复制的文本图层的文字内容和位置，如图10-44所示。

图 10-40 调整文字位置

图 10-41 复制并编辑文字（1）

图 10-42 确定新的跟踪点

步骤 20 在画面中确定跟踪点，然后单击鼠标右键，在弹出的快捷菜单中选择"创建实底"命令，此时画面效果如图10-45所示。将"跟踪实底 1"图层预合成，双击打开该预合成，将"数字元素.mov"素材拖曳到"时间轴"面板中，调整至合适大小，然后隐藏"跟踪实底 1"图层。

图 10-43 输入和编辑文字（4）

图 10-44 复制并编辑文字（2）

图 10-45 创建实底

步骤 21 返回"农田"合成，调整"跟踪实底 1 合成1"图层的缩放为"90%"，调整至合适位置，查看效果如图10-46所示。选中第1个至第5个图层，调整其出点均为0:00:05:21。

步骤 22 复制图层8，调整复制图层的入点为0:00:09:14。待跟踪完成后，在画面中确定新的跟踪点，然后单击鼠标右键，在弹出的快捷菜单中选择"创建实底和摄像机"命令，此时画面效果如图10-47所示。

步骤 23 将步骤22创建的"跟踪实底 1"图层预合成，双击打开该预合成，将"元素1.mov"素材拖曳到"时间轴"面板中，调整至合适大小，然后隐藏"跟踪实底 1"图层。返回"农田"合成，调整"跟踪实底 1 合成2"图层的位置，查看效果如图10-48所示。调整"跟踪实底 1 合成2"图层的入点为0:00:09:14。

图 10-46 查看效果（1）

图 10-47 创建实底和摄像机

图 10-48 查看效果（2）

步骤 24 将"图片"文件夹导入AE中，新建大小为"1920×1080"像素、背景颜色为"白色"、时长为"0:00:10:00"、名称为"产业图片"的合成文件，将"图片"文件夹中的图片全部拖曳到"产业图片"合成中。

步骤 25 由于图片素材过大，需进行调整。保持所有图片的选择状态，展开任意一个图层的"变换"栏，调整所有图片的缩放属性为"20%"，单击任意一个图层中的"3D图层"开关 ⬚，开启三维图层。

步骤 26 选择【图层】/【新建】/【摄像机】命令，打开"摄像机设置"对话框，在其中设置摄像机类型为"双节点摄像机"、预设为"20毫米"，单击 确定 按钮。

步骤 27 在"合成"面板中调整视图布局为"2个视图"，调整左侧视图为"顶部"。在"合成"面板的"顶部"视图中选中一个图层，将鼠标指针移动到Z轴上并拖曳鼠标，调整图层位置，如图10-49所示。

步骤 28 使用与步骤27相同的方法依次调整其他素材图层的位置，完成后的"合成"面板中"顶部"布局参考效果如图10-50所示。

步骤 29 在"合成"面板中将左侧的"顶部"视图修改为"左侧"，再次调整素材图层的位置，参考效果如图10-51所示。

图 10-49　调整图层位置　　　　图 10-50　调整其他素材图层的位置　　　　图 10-51　再次调整素材图层的位置

步骤 30 将"左侧"视图切换为"顶部"，选中摄像机图层，在"时间轴"面板中展开该图层的"变换"栏，激活"目标点"和"位置"属性，调整这两个属性，使摄像机位置发生变化，如图10-52所示。

步骤 31 将时间指示器移动到0:00:09:24处，移动摄像机位置，如图10-53所示。然后根据画面效果使用选取工具 ▶ 重新调整图片位置（若图片大小不合适，也可调整部分图片大小），在右侧视图中查看效果如图10-54所示。

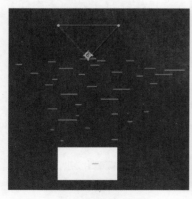
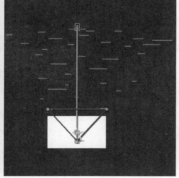

图 10-52　调整摄像机位置（1）　　　图 10-53　调整摄像机位置（2）　　　图 10-54　查看效果

步骤 32 完成后，在"合成"面板中切换视图布局为"1个视图"，在"项目"面板中依次选择"产业发展1""农田""产业图片"合成，按【Ctrl+M】组合键打开"渲染队列"面板，将这3个合成文件输出为格式为MOV的视频文件。

步骤 **33** 返回Premiere,将输出的3个视频文件导入"项目"面板中。打开"片中"序列,在"项目"面板中选择"产业发展1.mov"文件,按住【Alt】键,将"产业发展1.mov"文件拖曳到"时间轴"面板的"产业发展1"序列中进行替换。重复操作将"农田.mov"文件替换为"农田"序列,按【Ctrl+S】组合键保存文件。

10.3.3 制作跟踪特效

其具体操作步骤如下。

步骤 **1** 将在Premiere中的"收割"序列复制粘贴到AE中,然后在AE中双击打开"收割"合成,选中图层1,打开"跟踪器"面板,单击 跟踪运动 按钮,在画面中调整跟踪点的大小,并将跟踪点移动到人物身上,如图10-55所示。

视频教学:
制作跟踪特效

步骤 **2** 在"跟踪器"面板中单击"向前分析"按钮 ▶,待画面跟踪完成,将时间指示器移动到0:00:04:07处。在"时间轴"面板中选中图层1,按【U】键展开所有关键帧的属性,然后删除位于时间指示器之后的所有关键帧。

步骤 **3** 返回"合成"面板,将时间指示器移动到0:00:01:04处,将"文字背景.mov"素材拖曳到"合成"面板中,为该素材添加"三色调"效果,在"效果控件"面板中调整中间调和阴影的颜色均为"白色",然后调整该素材的位置和大小,效果如图10-56所示。

步骤 **4** 在画面中输入文字"智慧农业规模化",设置文字字体为"方正综艺简体"、大小为"80",调整文字至白色矩形中,设置文字图层的入点为0:00:01:04,然后绘制一根白色矩形条作为装饰,效果如图10-57所示。

图10-55 调整跟踪点的位置和大小　　图10-56 调整该素材的位置和大小　　图10-57 绘制形状

步骤 **5** 将时间指示器移动到视频开始位置,在"时间轴"面板中展开形状图层,单击"添加"按钮 ▶,在弹出的下拉列表中选择"修剪路径"命令,在"修剪路径1"栏中激活"开始"属性关键帧,并设置参数为"100%",将时间指示器移动到0:00:01:00处,修改该项参数为"0%"。

步骤 **6** 将步骤2和步骤3涉及的图层预合成,设置预合成图层的名称为"字幕条",选中"字幕条"图层,使用向后平移(锚点)工具 ▦ 将该图层的锚点调整至矩形条的端点。

步骤 **7** 打开"图层"面板和"跟踪器"面板,在"跟踪器"面板中单击 编辑目标 按钮,打开"运动目标"对话框,选择目标图层为"1.字幕条"图层,单击 确定 按钮,在"跟踪器"面板中单击 应用 按钮,在弹出的提示框中再次单击 确定 按钮。

步骤 **8** 将"收割"合成输出为格式为MOV的视频文件。返回Premiere,导入"收割.mov"文件,打开"片中"序列,将"收割.mov"文件替换为"收割"序列,按【Ctrl+S】组合键保存文件。

10.3.4 制作文字特效

其具体操作步骤如下。

步骤 1 将Premiere中的"片头"序列复制粘贴到AE中，在AE中双击打开"片头"合成，将"云层穿梭转场.mov"图层的入点调整至当前时间指示器位置。

视频教学：
制作文字特效

步骤 2 将时间指示器移动到0:00:03:14处，将"元素素材"文件夹中的"文字.mp4"素材拖曳到画面中，然后利用"颜色范围"效果抠出"背景.mp4"素材的黑色背景，并调整该素材的位置为"960，482"、图层入点为0:00:02:11。将时间指示器移动到0:00:02:11处，创建不透明度和缩放属性关键帧，设置参数分别为"0%""10%"。将时间指示器移动到0:00:03:09处，再设置参数分别为"100%""90%"。

步骤 3 将时间指示器移动到0:00:02:11处，为"文字.mp4"图层添加"径向模糊"效果，在"效果控件"面板的"径向模糊"栏中设置类型为"缩放"、数量为"50"，并创建该属性的关键帧。将时间指示器移动到0:00:03:09处，设置数量为"0"。

步骤 4 在画面中绘制描边颜色为"#EFD306"、描边宽度为"3"像素、填充为"#EF0000"的矩形，然后在矩形中输入文字，设置文字字体为"方正中雅宋简体"、填充颜色为"#FFFFFF"，查看效果如图10-58所示。

步骤 5 调整文字图层和形状图层的入点为0:00:03:04，然后调整形状图层的锚点至矩形中心，再利用缩放属性关键帧制作矩形从"0%"到"100%"的缩放动画，动画结束位置为0:00:04:03。

步骤 6 将时间指示器移动到文本图层的入点。在"时间轴"面板中展开文本图层，单击"动画"按钮 🔘，在弹出的下拉列表中选择"字符间距"命令。单击"动画制作工具1"选项后的"添加"按钮 🔘，选择【属性】/【模糊】命令，在"时间轴"面板中激活字符间距大小和模糊属性关键帧，并设置参数分别为"135""30"，如图10-59所示。

步骤 7 将时间指示器移动到0:00:04:03处，设置字符间距大小和模糊属性参数均为"0"，然后在画面底部输入文字，设置文字字体为"方正正中黑简体"，保持填充颜色不变，调整至合适大小，查看效果如图10-60所示。

图 10-58 查看效果（1）

图 10-59 创建关键帧并设置参数

图 10-60 查看效果（2）

步骤 8 调整新文本图层的入点为0:00:04:06，在"时间轴"面板中单击新文本图层中的"动画"按钮 🔘，在弹出的下拉列表中选择"不透明度"命令，设置不透明度属性为"0%"。展开"范围选择器1"选项，激活起始属性关键帧，并设置参数为"0"。将时间指示器移动到0:00:06:09处，设置起始属性参数为"100"。

步骤 9 将"片头"合成文件输出为格式为"MOV"、名称为"最终片头"的视频文件，然后按【Ctrl+S】组合键，将所有在AE中的操作保存名为"特效"的文件，最后将"最终片头.mov"视频导入Premiere中，按【Ctrl+S】组合键保存文件。

10.4
视频合成

10.4.1 添加解说字幕

其具体操作步骤如下。

步骤 1 在Premiere中新建名为"最终效果"、其余参数与"片头"序列相同的序列文件，依次将"最终片头.mov"、"片中"序列、"产业图片.mov"拖曳到"时间轴"面板中的V1轨道上，为这3段文件之间添加"胶片溶解"过渡效果，并设置该过渡效果的对齐方式为"终点切入"，设置"产业图片.mov"素材的速度为"200%"。

步骤 2 导入"音频素材"文件夹，将"语音音频.mp3"拖曳到A1音频轨道上，设置入点为00:00:10:14，然后为该音频创建转录序列，在"文本"面板的"转录文本"选项卡中修改文本中的错字后，单击 创建说明性字幕 按钮创建字幕。

步骤 3 在"文本"面板的"字幕"选项卡中根据视频内容调整字幕的出入点和时长，如果字幕不匹配，也可剪切A1轨道上的音频素材进行精细调整，然后全选C1副标题轨道上的所有字幕素材，在"基本图形"面板中设置字体大小为"50"，最后按【Ctrl+S】组合键保存文件。

10.4.2 添加音效和背景音乐

其具体操作步骤如下。

步骤 1 将"鸟叫.mp3"素材拖曳到A2轨道上，设置入点为00:00:08:00、出点为00:00:10:13。将"开场音乐.mp3"素材拖曳到A3轨道上的视频开始位置，调整该素材的出点为00:00:07:24。

步骤 2 在"音频剪辑混合器"中调整A2轨道上的音频音量为·"−4.0"、A3轨道上的音频音量为"−9.0"。

步骤 3 新建A4轨道，将"背景音乐.wav"素材拖曳到该轨道上，设置入点为00:00:10:20、出点为00:01:32:05，在"效果控件"面板中调整该音频素材的级别为"−15.0"，然后在该音频素材的出点和A3轨道上音频素材的出点添加"恒定功率"音频过渡效果，最后按【Ctrl+S】组合键保存文件。

10.4.3 输出最终作品

其具体操作步骤如下。

步骤 1 将时间指示器移动到00:00:06:24处，使用【Ctrl+Shift+E】组合键输出图片，设置图片名称为"封面"。

步骤 2 选择"最终效果"序列，按【Ctrl+M】组合键，将其输出成名称为"'魅力乡村'宣传短片"、格式为"MP4"的视频文件，最后按【Ctrl+S】组合键保存文件。

10.5 课后练习

练习 1 制作"森林防火"公益广告

某森林防火指挥部需要制作一则关于"森林防火"的公益广告，向大众宣传森林防火的重要性。要求在其中通过文案体现广告的主旨，并且利用AE制作出文字特效，最后将最终效果输出为MP4格式的文件，参考效果如图10-61所示。

素材位置：素材\第10章\森林防火素材

效果位置：效果\第10章\"森林防火"公益广告

高清视频

图 10-61 参考效果

练习 2 制作水果产品短视频

某电商商家的柠檬新品即将上市，为了让更多人了解该产品，其准备制作一个主题为"柠檬鲜果"的产品短视频。要求在体现出产品主题和活动时间的同时，从多个方面展现该产品卖点（制作产品卖点时可利用AE跟踪特效），最后将其输出为MP4格式的视频文件，以便发布在短视频平台上进行活动预热，参考效果如图10-62所示。

素材位置：素材\第10章\水果素材

效果位置：效果\第10章\水果产品短视频效果

高清视频

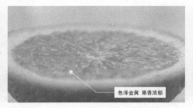

图 10-62 参考效果

拓展
案例

▶ 视频片头制作

高清视频　　　　高清视频　　　　高清视频　　　　高清视频

▶ 栏目包装设计

高清视频　　　　高清视频　　　　高清视频　　　　高清视频

▶ Vlog制作

高清视频　　　　高清视频　　　　高清视频　　　　高清视频

▶ 宣传短片制作

高清视频　　　　高清视频　　　　高清视频　　　　高清视频